지적인 현대인을 위한

지식 편의점

과학 ◆ 신을 꿈꾸는 인간 편

과학 ✦ 신을 꿈꾸는 인간 편

지적인 현대인을 위한

지식 편의점

◦— 이시한 지음 —◦

흐름출판

일러두기

1. 이 책의 근간을 이루는 고전은 이미 여러 곳에서 번역 출간되었으므로 따로 출판사를 밝히지 않았다. 국내 번역본이 널리 통용되고 있어 원서명을 병기하지 않았다.
2. 책은 『 』, 신문, 단편 문학, 영화 등은 〈 〉로 표기했다.

과학은 인간을
어디까지 진화하게 할까요?

　우리는 지금 유래 없는 가속의 세계에 살고 있습니다. 과학과 기술이라는 쌍발 엔진은 시공간을 접어서 간다는 워프 항법을 우리의 삶에 시전하는 듯합니다. 사실 과학이 인간의 역사에 본격적으로 등장한 것은 500년 남짓입니다. 신이 세상을 지배하던 시기에 한 줄기 빛처럼 나타나 중세의 암흑시대를 서서히 몰아내기 시작한 게 그쯤 되었거든요. 그런데 과학은 정말 빛이 맞을까요? 하얀색으로 넘실거리는 것처럼 보이는 과학 저 너머의 비전이 정말 유토피아로 가는 길일까요? 문득 인류사에 관계한 과학의 자취를 더듬어보면 천사로 위장한 악마와 거래한 것이 아닐까 의심이 드는 장면들이 조금씩 있습니다.

　'테세우스의 배'라는 역설이 있습니다. 그리스 아테네의 영웅 테세우스가 수많은 전투를 치르며 생사고락을 같이한 배를 아테네인들은 오랫동안 보존하려 했습니다. 배의 판자가 썩으면 판자 하나를 교체하고, 또 하나가 썩으면 교체하는 식으로 말이죠. 그런데 그렇게 하다 보면 어느 순간 테세우스가 원래 탔던 배의 조각은 하나도 남지 않고, 결국 모조리 새 나무판자로 교체될 때가 오겠죠. 그럼 이건 테세우스의 배가 맞을까요?

과학은 인간을 테세우스의 배로 만들고 있어요. 우리의 머릿속에 컴퓨터를 장착하고 불로불사의 몸을 가지게 하며 삶의 범위를 화성까지 확장하는 방향으로 이끌고 있거든요. 우리는 어느 순간 자신을 인간으로 인식하는 '인간이 아닌 다른 것'이 되어 있을 수도 있습니다. 그 다른 것이 과연 로봇일까요, 아니면 신일까요?

현재로써는 그 미래를 알지 못합니다. 그래서 『지식 편의점: 과학◆신을 꿈꾸는 인간 편』에서는, 인간과 과학의 동행을 책과 함께 들여다보며, 과학이 안내하는 인간의 길을 생각해 보려 합니다. 그 길의 끝에 닿은 지점이 어딘지 알 수는 없지만, 적어도 그 길이 안내하는 흐름을 보면 방향성은 어느 정도 알 수 있지 않을까요?

그 과정에서 양해를 구할 것이 하나 있습니다. 이 책은 지난 『지식 편의점』 시리즈와는 조금 다른 구성을 가질 것이라는 점입니다. 기존에는 하나의 장에서 한 권의 책을 중심으로, 그 책이 지닌 시대적 배경, 의미 등을 종합적으로 이야기하는 구성이었습니다. 하지만 과학 테마는 한 가지 문제가 있어요. 과학이라는 이슈 자체가 500여 년밖에 안 된 아주 새로운 주제라는 거예요. 고전 중에 '한 시대의 과학'이라는 주제로 묶어서 소개할 만한 책이 별로 없기도 하거니와, 대표적인 책이 있다고 해도 그 책을 소개하는 게 의미가 없는 경우도 있더라는 것이죠. 너무 기술적이고 전문적인 이야기들로 치중될 테니까요.

그래서 중세 이전의 과학을 전개할 때는 책보다 과학 기술에서 핵심이 되는 키워드를 주제로 삼았습니다. 물론 그 과정에서 필요한 책들은 소개되지만, 각 장의 테마가 책 한 권이었던 기존 『지식 편의점』의 전통을 깨는 일이라 망설였던 것도 사실입니다. 하지만 이러한 전개 방식이 미시적인 지식의 나열을 거시적인 흐름하에서 이해하고자 하는 『지식 편의점』의 의의에는 훨씬 더 잘 맞는 방법이라 판단했기에 과감하게 틀을 깰 수 있었습니다.

독자 여러분들 입장에서도 공감해 주셨으면 좋겠고, 그럼으로써 더 즐거운 경험이 되셨으면 합니다.

차례
contents

제1장 ✦ 과학에 올라탄 인류는 어디로 가는가

제2장 ✦ 삶을 바꿔 놓은 과학 기술의 자취들

제3장 ✦ 인간, 신을 배반하다

제1장 ◆ 과학에 올라탄 인류는 어디로 가는가 ──────────

우리가 인류의 역사와 함께 과학 기술의 흐름을 탐험하면서,
결국 풀어야 할 의문에 대해 생각해 보고자 합니다. 이 책의 화두
와 같은 두 장의 이야기를 통해 과학 기술이 가지는 방향성에 대
해 인지할 수 있을 것입니다.

1. 루시퍼 모닝스타를 만난 어느 평범한 하루
: 요한 볼프강 폰 괴테 『파우스트』

파우스트는 자신의 영혼을 지불하고 악마와 계약을 맺습니
다. 파우스트는 그 대가로 젊음을 되찾고, 막대한 부와 권력은 물
론, 인조인간을 만드는 능력까지 얻죠. 오늘날 과학이 인간에게
약속한 비전들과 비슷합니다. 파우스트는 악마의 능력을 취하는

데 영혼을 지불했지만, 결과적으로 누릴 것을 다 누린 후 그의 영혼은 구원받습니다. 악마는 파우스트에게 소위 먹튀(먹고 튀는 것)를 당한 꼴인 셈입니다. 오늘날의 과학 역시 그럴까요? 과학이 인간에게 요구하는 대가는 없을까요?

2. 인류는 무엇이 되려 하는가: 유발 하라리 『호모 데우스』

인류가 원하는 것은 무엇일까요? 우리 자신에 대한 통제권을 가지고 수명까지 스스로 정하는 인간이란, 결국 신이 되려는 모습처럼 보입니다. 그리고 과학이 달려가는 방향을 보면 과학이야말로 우리를 신으로 만들어주는 열쇠인 듯합니다. 아니면 과학이 신 그 자체의 모습 같기도 하고요. 우리는 과학에 이끌려서 신이 되고 있는 것일까요? 우리가 신이 되는 데에 과학을 이용하고 있는 것일까요? 여러분의 욕망은 무엇인가요?

제2장 ◆ 삶을 바꿔 놓은 과학 기술의 자취들 ──────

과학과 과학적 탐구 자세의 실제적 태동기에서부터 신의 지배라는 강력한 독재하에서의 잠복기, 그리고 신을 대체하기 시작하며 주목받는 루키로 등장하기까지 그 과정을 따라가 보면서 인류사에 본격적으로 등장하기 시작한 과학의 영향에 대해 생각해 보려 합니다.

3. 있는 것을 있는 것으로 다루려는 시도
: 아리스토텔레스 『니코마코스 윤리학』

실용적, 실체적, 실증적 학문이 조금씩 태동합니다. 정신 안에서만 활동하는 이상적 논의의 반대쪽에, 기술적인 지식의 원리나 법칙들을 궁금해하고 알아낸 것들을 정리하는 학풍들이 자리하기 시작하거든요. 삶을 이성적이고 합리적으로, 그리고 실체적으로 규명하려는 태도는 과학적 방법론의 시작이라고 할 수 있겠습니다.

4. 꺼지지 않았던 과학의 불씨: 연금술

주어진 운명에 순종하며 사는 것이 신의 뜻인 시대에, 그래야 하는 이유를 따지고 드는 과학은 설 자리를 찾지 못하죠. 하지만 과학은 사라지지 않고, 제 모습을 감춘 채 기술 안에 조용히 스며들었습니다. 연금술 같은 기술 연구를 통해 과학은 그 씨앗을 보존하고 후대에 전승됩니다.

5. 판을 뒤엎는 자연의 역습: 페스트

신과 신분이 질서의 기준이며 판단 근거인 시대를 뒤흔들어놓은 것은 페스트였습니다. 페스트를 통해 사람의 삶이 반드시 신의 뜻이 아닐 수도 있다는 것을 알게 되고, 신분에 따라 특별한 은총의 실드 여부가 결정되지 않는다는 것도 알게 돼요. 질병 앞에서는 귀족 역시 평등했으니까요. 신과 신분이라는, 중세를 정의하는 두 가지 키워드에 의심이라는 균열이 생깁니다.

6. 절대 손해 보지 않는 투자: 대항해 시대와 기술

군주들의 야망과 상인들의 사리사욕이 만나 대항해 시대가 시작됩니다. 육로를 통한 상업적 이익은 이미 기득권이 꽉 잡고 있어 이게 불가능한 나라들을 중심으로 새로운 항로를 개척하고자 하는 움직임이 활발했던 시기가 대항해 시대입니다. 이런 시대를 추동하기 위해 필요한 것은 배를 만들고 항해할 수 있는 기술이었습니다. 항해를 위해 천문이나 지리 등 과학적인 지식도 필요했고요. 이런 연구에 돈을 투자하기 시작한 이들이 왕과 상인이었죠. 과학과 기술이 금전적으로 지원받기 시작하면서 본격적으로 역사 앞에 등장합니다.

7. 인터넷 혁명보다 더 '핫'했던 정보화 혁명: 구텐베르크의 인쇄술

기술의 발전으로 정보가 분배되고 그로 인해 다시 기술이나 과학의 발전이 가속화됩니다. 무엇보다 지식을 전유하며 그 흐름을 통제했던 지배계급과 성직자들의 권위가 과학 기술, 정보 공유 앞에서 조금씩 무너지기 시작합니다.

신과 신분이 지배하는 중세 시대는 모든 판단과 원리의 기준이 교회와 계급이었습니다. 하지만 과학이 자연을 설명하고, 자연법칙의 원리를 정의하는 데 효율적이라는 것이 알려지면서 과학은 모든 것을 판단하는 기준이 됩니다. 과학의 절대적 기준이 부각되기 시작하는 것이죠.

8. 마지막 중세인이자 최초의 근대인: 르네 데카르트 『방법서설』

신 중심의 사고방식을 과학적 방법론의 전제인 인간 중심의 사고방식으로 서서히 대체할 준비를 합니다. 모든 것의 판단 기준을 자기 자신에 놓는 자세는 결국 실용적이고 합리적인 과학의 범주로 우리의 사고를 가져가겠다는 의지와 이어지게 될 것입니다. 시대가 이쯤 되니 종교는 과학에 큰 위협을 느끼지 않을 수 없게 됩니다. 과학 연구를 위해 비밀단체를 결성해야 할 정도로 삼엄한 시대이기도 했어요.

9. 공평하다는 깨달음: 아이작 뉴턴 『프린키피아』, 찰스 다윈 『종의 기원』

사람은 평등합니다. 너무나 당연한 이 명제가 처음으로 사람들 사이에 공유되기 시작합니다. 과학 법칙은 신의 뜻이나 신분의 구애를 받지 않죠. 어디서나 과학 법칙이 성립된다는 것은 신조차도 과학 법칙 안에 존재한다는 것입니다. 왕이나 귀족은 말할 나

위도 없습니다. 뉴턴의 과학 법칙 앞에 사람은 모두 평등합니다. 그런데 거기에 더해진 다윈의 논의는 그 평등성이 사람을 넘어 모든 생물에 적용된다는 것이었죠. 사람 역시 자연계 안에 하나의 구성원일 뿐이라는 겁니다. 이런 상태를 제대로 파악하려면 신이나 신분에 구애된 중세적 시각을 버려야 합니다. 과학이라는 기준이 필요한 근대가 본격적으로 시작될 수밖에 없어요.

10. 무의식을 의식하다: 지그문트 프로이트 『꿈의 해석』

과학의 잣대로 모든 것을 다시 보기 시작합니다. 그전에는 이해할 수 없는 영역으로 남겨두었던 것도 과학적 분석의 조명 아래 다시 세워지죠. 심지어 인간의 정신, 그 정신 너머 인지하지도 못한 무의식의 존재까지 과학의 잣대는 무소불위의 권력을 휘두르게 돼요.

제4장 ◆ 알면 알수록 혼란스러운 과학 —————————

모든 것을 설명할 수 있을 것 같은 과학이 난제를 만나게 됩니다. 알고 보니 과학 역시 상대적이고, 진리보다는 주장에 더 가깝더라는 것이죠. 그래서 결정론의 세계와 확률론의 세계가 공존하기 시작합니다.

11. 부분적으로는 모르지만 전체적으로는 안다
: 베르너 하이젠베르크 『부분과 전체』

과학으로 신을 대체하면서 신의 죽음까지 부르짖던 과도기가 지나자 인류는 과학의 절대성에 대한 맹신이 과연 옳은 것인가 돌아보게 됩니다. 실제로 미시적인 세계가 관찰되면서, 기존의 과학적 인과법칙으로 파악되지 않는 현상들이 보고되고요. 결정론적 세계관이 깨지고, 확률론적 세계관으로 세계가 이행하게 되죠.

12. 과학은 진실이지만 진리는 아니다: 토머스 쿤 『과학혁명의 구조』

과학은 사실, 진리라고 믿었던 인류는 과학도 하나의 믿음 체계일 수 있다는 가능성 앞에 경악합니다. 하지만 곧 수긍하죠. 과학이 그동안 어떤 식으로 발전해 왔는지 살펴보면서 인류는 또다시 절대성의 우를 범하지 않으려 조심하게 되었습니다. 과학도 절대적 진리가 아닌 상대적인 이론일 뿐입니다.

13. 절대성의 마지막 보루까지 무너지다: 스티븐 호킹 『시간의 역사』

인류는 과학이 모든 것의 절대적 잣대가 될 수 없음을 깨닫지만, 몇몇 지표들은 여전히 절대적인 기준이자 진리로 느껴졌습니다. 대표적으로 누구에게나 공평한 '시간'이 그렇습니다. 하지만 그 시간마저 절대적이지 않고 상대적이라는 것이 밝혀지면서 인류는 인식의 한계를 절감합니다. 하지만 다시 신을 찾은 것은 아닙니다. 다만 인과적 설명보다는 확률적 설명, 절대성보다는 가능성의 세계를 이해하면서 앞으로 과학이 풀어야 할 세계의 비밀이 너무나 많다는 것을 알게 된 것이죠.

제5장 ◆ 과학 기술의 그림자

인류의 지식에 빛을 비춰주며 인식의 영역을 넓히던 과학이 그 빛의 밝기만큼 반대쪽의 그림자를 가지고 있다는 것이 밝혀집니다. 과학이 가져오는 부작용이 만만치 않습니다.

14. 가이아의 골칫덩어리: 제러미 리프킨『엔트로피』

과학 기술의 발전은 인간 인식의 영역을 확장하고 세계를 합리적으로 설명하는 데 이바지했지만, 그 부산물로 인간이 편의를 즐기는 사이에 몇 가지 대가를 요구했습니다. 자연계의 엔트로피가 기하급수적으로 증가하면서 잘 잡힌 자연계의 균형이 깨져버린 것이죠. 자연이 균형을 유지하기 위해 어떤 대안을 갖고 나올지 인간은 사실 잘 모릅니다. 전염병, 자연재해, 유성 충돌 등 그 시나리오는 무궁무진합니다. 인류는 알 수 없는 자연의 위협에 항상 노출된 거예요.

15. 묵음 처리된 경고의 종소리: 레이철 카슨 『침묵의 봄』

인간은 과학 기술을 확장함으로써 스스로 위협을 초래하기도 했습니다. 환경오염이죠. 환경오염으로 인한 위협은 자연이 스스로 균형을 유지하려는 방법 중 하나일 수도 있습니다. 확실히 자연과 조화를 이루지 않고 무조건 자연을 이용하고 정복하려는 기조를 가진 과학 기술들은 심각한 환경오염을 발생시키고 있습니다. 이 오염은 부메랑이 되어 인간에게 돌아오죠. 자연과 조화를 이룰 수 있는 과학 기술을 생각해야 할 때입니다.

제6장 ◆ 신세계는 오는가 ─────────

결국 과학은 인간을 진화시키기 위해 사용됩니다. 인간에 대해 속속들이 밝혀지면서 그 지식을 가지고 먼저 생물학적으로 업그레이드합니다. 종국에는 비생물학적 업그레이드까지 하게 되죠. 그래서 인간은 진화의 단계에서 초월하게 되는데요, 그것이 지금의 인간과 같은 선상에 있는 존재인지, 아니면 다른 존재인지 합의가 필요할 것 같습니다.

16. 인간의 설계도: 제임스 왓슨 『이중나선』

과학의 발전은 인간의 주변 환경을 이해하고 개선하지만 결국 그 시선은 인간으로 돌아오게 되어 있습니다. 인간만큼 불완전한 존재도 없으니 어느 정도 과학 기술에 대한 자신감이 생기면 스스로를 나아지게 하는 데 그 지식을 쓰게 될 테니까요. 인간을 기계적으로 파악하고, 그렇기 때문에 업그레이드가 가능할 것이라는 시각의 전제가 되는 것이 바로 인간 DNA 구조의 발견입니다. DNA를 분석하고 재배열함으로써 생물학적으로 인간이 향상할 수 있다는 것을 예견하게 된 사건이죠.

17. 테세우스의 배 딜레마: 레이 커즈와일 『특이점이 온다』

인간의 향상심은 생물학적으로 인체를 업그레이드하는 데 그치지 않습니다. 의식의 동일성이라는 측면만 유지되면 비생물학적인 업그레이드 역시 가능할 것이라는 견해가 생긴 것이죠. 인간의 진화가 반드시 생물학적인 연속성을 지닐 필요는 없고, 정체성을 유지하는 기준만 지켜진다면 또 다른 차원으로 갈 수 있다는 거예요. 『호모 데우스』에서 예견한 인간의 미래와 일맥상통합니다.

제7장 ◆ 인간, 신을 꿈꾸다 ─────────

과학은 인간성을 희생양 삼아 인간을 그다음 단계로 올려놓을 듯합니다. 그래서 새롭게 탄생하는 인류가 지금의 인간의 진화선상에 있으려면 인간성을 지키려는 노력이 필요한 것이겠죠.

18. 과학이 희생양으로 삼는 것은?: 오멜라스를 떠나는 사람들

인간의 정체성은 분명 생물학적인 신체에서 비롯되는 부분도 있을 것입니다. 신체의 유한함과 약함에서 나오는 인간성은 비생물학적으로 강화된 신체에서도 동일하게 유지될까요? 우리가 흔히 말하는 인간성이라는 것이 과학 기술의 발전에 희생양으로 바쳐지는 것은 아닐까요? 따지고 보면 과학 기술로 자연을 파괴한 것 역시, 자연의 일원이라는 우리의 정체성을 위배하고 자연계의 빌런이 된 것이거든요. 그렇다면 악마는 우리에게 과학을 주고, 결국 영혼이라고도 할 수 있는 우리의 인간성을 빼앗으려는 게 아닐까요? 인간의 신체에 일어날 퀀텀 점프가 가시권으로 들어오는 현시점에 우리는, 파우스트처럼 우리의 영혼을 지키면서도 과학을 잘 이용할 수 있는 기가 막힌 방법을 모색하기 위해 머리를 맞대야 하지 않을까 합니다.

제 1 장

과학에 올라탄 인류는
어디로 가는가

a Man who Wants to be a God.

1. 루시퍼 모닝스타를 만난 어느 평범한 하루

요한 볼프강 폰 괴테 『파우스트』

소원의 대가

버스에서 내려서 집으로 올라가는 언덕. 초입에는 가로등이 홀로 서 있다. 가로등은 원래 혼자 서 있게 만들어진 것이지만, 볼 때마다 외로워 보인다는 생각이 드는 것은 어쩔 수 없다.

오늘은 그 가로등 불빛이 유난히 더 차갑다. 1년 전 있었던 교통사고의 후유증 때문에 기훈은 걷는 게 무척 불편한데, 결국 그 불편함이 영업 사원 기훈의 발목을 잡았다. 퇴근 직전 회사에서 한두 달 안에 있을 구조조정 명단에 그의 이름이 오르락내리락한다는 것을 상사인 황 과장을 통해 간접적으로 듣고

온 것이다.

"확정된 것은 아니어서 말을 할까 말까 하다가, 아무래도 윗선 눈치가 그래서… 그래도 준비를 좀 하는 게 낫지 않나 하고. 나야 기훈 씨랑 일하는 게 너무 좋은데…"

뻥이다. 황 과장은 평소 올곧은 소리만 하는 기훈을 싫어했다. 구조조정이 확정되게 하려고 뒤에서 노력한 게 아마 황 과장일 것이다. 결혼하기 전의 성질 같았으면 황 과장 때문에 진작 회사를 그만두었을 텐데, 이제 내년이면 초등학생이 될 딸의 건강이 그다지 좋은 편이 아니어서 지금은 무엇보다 안정이 중요하다는 생각에 꾸역꾸역 회사에 다니고 있었다.

집으로 가는 길은 번잡하지 않다. 더 정확하게는 을씨년스러워 어린아이라면 혼자 걷기에 무섭다고 느낄 정도다. 특히 올라가는 언덕에 폐가가 있는데, 형제들간 유산 분쟁 때문에 그리 되었다는 얘기는 있지만 동네에서는 가끔 이상한 불빛이 보인다느니 하는 소문이 난 집이어서 그 집 앞을 지날 때는 다른 어른인 기훈도 조금 무섭다.

그래서 열심히 스마트폰을 보며 걷는다. 스마트폰에는 어느 강대국이 옆 나라를 침공했다는 사실이 속보로 뜨고 있다. 결혼하자마자 전쟁터로 가는 신혼부부부터 다른 나라로 피난하는 사람들의 행렬 등 21세기에 일어나는 일이 맞나 싶을 정도로 안타까운 사진들이 실시간으로 전송되고 있다.

영화에서는 흔한 슈퍼히어로들이지만 현실에서는 슈퍼는 커녕 그냥 히어로도 찾아볼 수 없는 게 이럴 때 참 분한 일이다. '그들 중 한 명만 있었어도… 아니, 뭐 그렇게 갈 것도 없지. 은퇴한 전직 특수 요원 한 명만 그 나라에 있었어도…?' 이런 생각들을 하면서 폐가 앞을 지나는데, 갑자기 바람이 휙 불더니 누군가 앞에 서 있는 것이 느껴졌다.

살짝 두려운 마음에 스마트폰에서 서서히 눈을 떼 앞을 본 기훈은 깜짝 놀랐다. 기훈이 즐겨 보는 미국 드라마 〈루시퍼〉에서 주인공인 루시퍼 모닝스타 역을 맡았던 배우 톰 엘리스다.

"헤이~ 브라더! 오늘은 지옥의 왕 루시퍼가 아니라, 메피스토펠레스라는 배역을 맡았어. 배역 역할이 소원을 들어주는 건데, 오늘은 너의 소원을 하나 들어줘야 한대. 뭐? 영혼? 됐어. 네 영혼 따위 가져서 뭐 해. 오늘은 그냥 자원봉사니까 어서 빨리 소원을 하나 말해봐. 그래야 내가 퇴근할 수 있거든."

일단 그가 한국말을 하는 것이 무척 의심스러웠지만, 루시퍼의 얼굴은 TV를 통해서 익히 알고 있던 터라 반신반의의 마음이 든다. 뭐 그래도 그냥 소원을 이야기하라는 건데, 그냥 하나 이야기할 수 있잖아. 상담이라도 가면 돈 내고 이야기하는데, 이렇게 그냥 들어준다니. 그럼 무슨 소원을 말해볼까?

세계평화에 이르는 선택의 길은 생각보다 멀다

여러 소원이 떠오르지만 일단 두 가지 선택지가 있습니다. 하나는 지금 바로 이 순간에 지구 한쪽에서 일어난 전쟁이 끝나 세계평화가 찾아오기를 바라는 거죠. 또 하나는 회사에서 구조조정 명단에 들어가지 않기를 바라는 겁니다. 슈퍼히어로가 되고 싶다거나 일론 머스크보다 돈이 많아지고 싶다거나 여러 가지 소원이 있겠지만, 이 양자택일의 핵심은 크게 보면 공익이냐 사익이냐, 당위냐 욕망이냐의 갈림길이죠. 여러분이 기훈이라면 어떤 선택을 하실까요? 사실 고민의 여지가 있나 잘 모르겠습니다. 눈에 당장 보이지 않고, 나에게 직접적인 이익이 아닌 세계평화를 선택하기가 쉽지 않을 거거든요.

물론 주저하지 않고 세계평화를 선택하실 분도 있을 겁니다. 그런데 만약 여러 명이 모여서 결정해야 한다고 하면, 민주주의에서 그 효용이 가장 널리 알려진 다수결을 해야 할 겁니다. 다수결은 51%의 사람이 찬성하면 49%가 반대해도 결정되는 시스템입니다. 분열과 불복종을 낳기 좋은 방법이죠. 하지만 의견이 갈리고 각자의 주장이 평행선을 달릴 때 이만큼 명확한 선택의 방법도 없습니다. 그리고 세계평화를 원하는 입장에서는 100%가 아닌 51%의 사람만이 개인의 이익보다는 세계평화를 선택해 주면 되는 일이라 훨씬 수월하기도 하고요. 과연 51%의 사람이 세계평화를 선택하면 악마 메피스토펠레스는 그 소원을 들어줄까요?

게임이나 영화에서 그런 순간이 찾아오면 세계평화를 선택해야겠다고 생각하는 사람도 있겠지만, 실제로 자신에게 그런 선택의 순간이 찾아와 한 번의 선택으로 내일 당장 건물주가 될 수 있다면, 세계평화를 선뜻 선택하는 것이 쉽지 않을 겁니다. 개인을 힐난하는 것이 아니라, 그런 이기심이 자연에서 생물을 살아가게 만드는 원동력이니 당연한 선택일 수 있다는 거예요.

쾌락에 눈이 먼 파우스트

악마에게 영혼을 팔아 얻은 소원으로 대의보다는 자신의 사리사욕을 성취한다는 이야기는 200여 년 전에도 존재했습니다. 이름도 익숙하고 줄거리도 대강 알기 때문에 잘 알고 있다고 생각하지만, 사실 대부분의 사람이 직접 읽어본 적은 없는 책, 요한 볼프강 폰 괴테의 『파우스트』입니다.

이 책을 직접 읽는 것은 상당히 어렵습니다. 원작이 희곡 형태인 데다가 운문 형식으로 쓰여 있죠. 시처럼 쓰여 있단 말이에요. 게다가 내용도 고대 서양의 역사, 문화, 그리고 200년 전의 독일의 상황과 시대를 이해하는 사람에게는 재미있을 수 있겠지만, 지금의 우리에게는 상당히 동떨어진 이야기입니다. 그런데도 『파우스트』가 지금도 여전히 살아남을 수 있었던 것은 이 작품의 설정이 가진 매력 때문이 아닐까 합니다.

우리가 어떤 일을 할 때, 악마에게 영혼이라도 팔아서 이 일을 성공시킬 수 있으면 좋겠다고 생각할 때가 있죠. 굉장히 어려운 시험에 도전할 때, 새로 시작한 사업이 곤경에 처했을 때, 큰돈을 들여 주식을 샀는데 그다음 날부터 폭락이 이어질 때… 그럴 때 있잖아요. 파우스트는 바로 그런 상상을 실현한 인물로, 악마 메피스토펠레스와의 계약을 통해 젊음을 획득합니다. 그가 젊음을 원한 것은 이성적 삶에 대한 욕망과 쾌락 때문입니다.

파우스트는 젊음을 얻는 대가로 죽음 이후 그의 영혼을 악마에게 주겠다고 약속했지만, 어쨌든 현세를 사는 당장은 일종의 카드 결제를 한 셈이니 현금을 쓰지 않고 젊음을 얻을 수 있는 매우 매력적인 계약이었습니다. 그저 즐기기엔 늙고 지친 파우스트에게는 거부할 수 없는 제안이었던 것이죠.

파우스트는 구원받을 수 있을까

괴테는 24세에 처음 『파우스트』를 생각했습니다. 그리고 59세에 『파우스트』 1부를 발표하고, 『파우스트』 2부를 82세에 완성

했습니다.『파우스트』를 완성하기까지 거의 60년이 걸린 건데요, 그래서인지 사실 이 두 작품은 등장인물과 설정을 공유할 뿐 아주 다릅니다.『파우스트』1부가 파우스트와 메피스토펠레스, 그레트헨 정도만 나오는 개인적인 이야기라면, 2부에서는 독일 황제에 그리스 미녀 헬레나도 나오고, 내용도 전쟁과 백성에 관한 이야기 등 세계관이 1부와는 비교가 안 되게 크게 확장됩니다.

『파우스트』1부의 내용은 이렇습니다. 신 앞에 서 있는 악마가 인간이 얼마나 나약한 존재인지 증명하겠다고 하자 신은 한 번 그래보라며 그 인간으로 파우스트를 지목하는 데서 시작하죠. 파우스트는 학자인데 인식을 통해(그러니까 지혜죠) 신의 영역에 다다를 수 있다고 믿었다가 한계에 부딪혀 자살을 생각하고 있는 사람입니다. 그 앞에 악마 메피스토펠레스가 찾아와 젊음을 제안하는데요, 그 후 파우스트는 아름다운 여자 그레트헨을 만나 첫눈에 사랑에 빠지게 됩니다.

하지만 악마가 개입한 일에 좋은 결과가 있을 수는 없겠죠. 그레트헨의 임신 소식에 격분한 오빠는 파우스트에게 결투를 신청했고 파우스트는 그를 죽이게 됩니다. 게다가 파우스트가 그레트헨에게 건넨 수면제 때문에 그녀의 어머니까지 죽고 맙니다. 파우스트와의 사랑 때문에 가족을 잃은 그레트헨은 죄책감에 시달리다 자신의 아이마저 연못에 빠트려 죽이게 되죠. 결국 그레트헨은 감옥에 갇혀 미쳐버립니다. 파우스트는 메피스토펠레스를 끌고 감옥으로 찾아가 그녀를 탈출시키려고 하는데, 그녀는 미친 와중에도 탈옥을 거부하고 죗값을 받겠다고 하죠. 그래서 오히려 그레트헨은 천상으로부터 구원받습니다.

2부는 완전히 다른 이야기가 펼쳐집니다. 사실 2부 안에서도 좀 다르긴 하죠. 파우스트와 메피스토펠레스는 독일의 황제가 재정적 파탄에 처한 것을 보고 지폐를 발행해 구합니다. 그런데 황제는 트로이 전쟁의 원인이 되었던 미녀 헬레나를 내놓으라고 합니다. (물에 빠진 사람 구해주었더니 보따리까지 달라고 떼쓰는 것이 한국만의 이야기는 아니었던 모양입니다.) 파우스트는 예전 그의 제자였던 바그너가 만든 호문쿨루스라는 인조인간, 어쩌면 복제인간이라는 말이 더 어울릴 수도 있는데, 아무튼 이 인위적인 인간을 통해 헬레나를 찾아내고, 그녀를 현현시켜요. 그리고 미녀에게 금방 사랑에 빠지는 기질이 있는 파우스트는 그녀와 결혼해 아들 오이포리온까지 낳아요. 그런데 오이포리온은 이카로스처럼 하늘을 날려고 시도하다가 추락해서 죽죠. 그러자 헬레나도 같이 사라집니다.

연애, 결혼의 비극까지 모두 맛본 파우스트는 이후 독일 황제를 도와 전쟁에서 승리한 뒤에 해안가 땅을 얻어 그곳을 개간합니다. 이 땅을 비옥하게 만들어 백성들에게 이익을 주려고 해요. 인류애가 생긴 거죠. 그리고 100세가 된 파우스트가 죽자 메피스토펠레스는 약속대로 그의 영혼을 가져가려고 합니다. 그때 하늘에서 파우스트의 영혼을 거두어 가며, 파우스트는 구원받습니다.

『파우스트』가 실화라고?

『파우스트』는 서양 문화의 두 축인 헬레니즘과 헤브라이즘에 독일의 신비주의까지 섞여 있어요. 헬레니즘은 고대 그리스·로마 신화의 이야기죠. 헤브라이즘은 기독교고, 신비주의는 마녀이야기 같은 것들입니다. 이 신비주의 이야기를 발전시킨 것이 바로 『해리 포터』입니다. 이 세 가지의 문화가 뒤섞여 있다 보니 지금의 우리는 이해하기도, 즐기기도 어렵습니다. 문화권이 다르니까요.

한 가지 놀라운 사실이 있습니다. 『파우스트』가 실화로 존재한다는 것입니다. 정확하게는 『파우스트』의 모티브가 된 실존 인물이 있었다는 것이 더 맞는 말이겠지만요. 요한 게오르크 파우스트인데요, 스스로 흑마술을 사용한다고 말하고 다니던 마술사였습니다. 사람들은 그를 마술사보다는 사기꾼이나 미친 사람으로 인식했습니다. 자신이 지옥에 다녀왔다고 주장하고, 악마와 연관되어 보이는 마술들을 행했어요. 행태가 이렇다 보니 당시 가톨릭교회에서 그를 바라보는 시선이 고울 수는 없었겠죠.

그가 죽었을 때 사람들은 그가 악마에게 영혼을 빼앗겨 죽었다고 했고, 그에 관한 기록들은 대부분 '악마에게 영혼을 팔면 이렇게 처참하게 죽는다.'라는 식의 교훈을 전했다고 합니다. 이런 그의 행적은 전설로도 남았는데, 악마와의 24년 계약이 끝나고 거친 바람 때문에 신체가 갈기갈기 찢겨서 죽는다는 식으로 묘사돼요.

신을 버리고 과학과 계약을 맺은 인간

다른 차원의 존재와 계약을 맺어 초자연적인 힘을 손에 넣는다는 설정은 지금도 상당히 매력적입니다. 그리고 중세 시대 종교인의 관점에서 보자면 지금의 시대는 바로 이런 시대라고 할 수 있죠. 신을 버리고, 과학이라는 존재와 계약을 맺어서 예전에는 할 수 없었던 여러 가지 초자연적인 힘을 인간들이 얻고 있으니까요.

하늘을 날거나 바다 깊은 곳에 들어가는 것은 말할 것도 없고, '신의 섭리'로 퍼지게 된 전염병을 막질 않나, 자연의 균형을 위해 필요한 홍수를 인위적으로 통제하고 있습니다. 수명을 늘리려는 노력을 통해 이미 인간은 중세 시대에 비해 2~3배가량 늘어난 수명을 누리고 있고, 몸을 치료하는 것도 모자라 이제는 신체 일부분을 기계적으로 대체하여 한계를 뛰어넘으려고 하고 있어요.

과학은 인간이 할 수 없도록 정해진 선을 뛰어넘게 해줍니다. 그런데 그 선이 건드려서는 안 되는 선일까, 아니면 그냥 하나의 한계점을 보여주는 정도의 선일까 궁금해집니다. 한계를 넘는 도전이라는 측면에서 과학은 그 어떤 접근법보다 뛰어난 성과를 보여준 게 사실인데요, 선을 넘었을 때 그 뒤에 기다리는 것은 대가일까요, 아니면 보상일까요?

문제는 계약의 동기겠죠. 인간은 과학과의 계약을 통해 무엇을 얻고자 하는 걸까요? 인간종만을 위한 발전일까요, 모든 생명체가 조화롭게 사는 세상일까요? 과학을 통해 인간은 생명의 신비, 우주의 비밀을 알아가고 있습니다. 물론 아직은 우주의 스케일에 비하면 미미한 지식이지만, 어제보다 오늘 더 많이 아는 것은 사실이니까요.

해피 엔딩 혹은 새드 엔딩?

『파우스트』의 계약은 어떻게 보면 해피 엔딩입니다. 파우스트는 사랑, 결혼 등 개인적인 갈망으로 악마와 거래했지만, 나중에는 그 사랑이 인류애로 향하게 됩니다. 바로 그런 점 때문에 악마에게 영혼을 팔았음에도 구원받죠. 그러니까 악마 메피스토 펠레스는 사실상 얻는 게 아무것도 없이 끝나요. 생각해 보면 파우스트는 학자로서 최고 경지에 이르기도 했고, 회춘해서 쾌락적인 삶을 살기도 했고, 인류 최고 미녀라는 헬레나와의 결혼 생활까지 다 해본 사람입니다. 그리고 죽어서는 천상의 구원까지 받았으니 그야말로 인생 제대로 살다 간 사람이라고 할 수 있습니다.

인류는 파우스트가 메피스토펠레스와 동행을 결심했듯이, 어느 순간 신을 버리고 과학과의 동행을 선택했습니다. 그렇다면 이 과학과의 계약은 해피 엔딩일까요, 새드 엔딩일까요? 인간의 이익만을 탐하다 자연으로부터 영혼을 빼앗기게 될까요, 아니면 과학을 도구로 우주적 공존과 통합의 비밀을 알게 될까요? 좋은 결말이면 좋겠지만, 우주는커녕 같은 나라 안에서도 통합을 이루지 못하고 같은 공동체에 있는 사람에게도 배려심이 없는 인간의 본성을 생각하면 과학이라는 도구는 어린아이에게 맡겨놓은 총 같은 것이 아닌가 싶습니다.

과연 과학과 인간이 맺은 계약의 끝은 어떤 모습일까요? 실존 인물 파우스트 같은 파국일까요? 아니면 책 속의 파우스트같이 결국에는 구원을 얻는 것일까요?

2. 인류는
무엇이 되려 하는가

유발 하라리 『호모 데우스』

당신이 10,000년을 살 수 있다면?

tvN 예능 프로그램 〈문제적 남자〉의 기획에 참여하고 출연한 적이 있습니다. 프로그램 초창기 콘셉트는 '똑똑한 사람들은 보통 사람들과 어떤 식으로 다르게 생각하는지 그 생각의 과정을 보여주자.'라는 것이었어요. 단순히 퀴즈의 정답을 맞히는 것이 아니라 서술형으로 대답해야 하는 문제를 주고, '전문적 남자'라고 하는 저 같은 사람들과 면접 형식으로 문답을 진행했습니다. 글로벌 기업 면접, 대기업 면접, 대학 입학 면접, 세계 명문 대학교 면접 문제 등 다양한 문제들이 출제되었죠. 지금은 세계적인 대스타가 되어서 쳐다보기도 힘든 방탄소년단의 RM과 삼성의 면접 문제를 가지고 압박 면접을 진행했던 에피소드가 가장 기억에 남습니다.

개인적인 에피소드 말고 방송 전체적으로 인상에 남았던 문제는 옥스퍼드대학교의 면접 문제로, "당신이 10,000년을 살 수 있고 그것이 당신의 선택 사항이라면 그렇게 하시겠습니까?"였어요. 단, 혼자만 그럴 수 있고 다른 사람은 세월의 흐름을 그대로 따른다는 전제였죠. 이 문제가 연예인 패널들에게 출제되기 전, 제작진 사이에서는 의견이 반으로 갈리지 않을까 예측했는데, 촬영에 들어가니 놀랍게도 한 명을 제외하고 모두 10,000년을 살지 않겠다고 했습니다. 주위에 사랑하는 사람도 다 죽고, 매번 가슴 아픈 이별을 해야 하는 세월을 견딜 수 없다는 이유에서였어요.

10,000년이라니 짐작조차 안 되는 세월입니다. 신석기 시대 문명이 8,000년에서 10,000년 전으로 추정되니까, 10,000년을 산 사람이 있다면 빗살무늬 토기에 물을 받아 먹으면서 돌도끼를 갈았던 거예요.

공인된 기록은 아니지만, 〈뉴욕 타임스〉에서 소개한 역사상 가장 오래 산 사람은 1677년에 태어나서 1933년에 사망했다는 중국 청나라 사람 이경원입니다. 그러니까 256살을 산 겁니다. 24명의 부인을 만났고, 180명의 후손을 보았습니다. 그의 고손자들도 그보다 먼저 죽었다는 얘기죠. 〈뉴욕 타임스〉에 이경원이 보도되었지만, 워낙 의심스러운 기록인 탓에 공식적으로 기네스북에 오르지는 못했어요.

2021년 기네스북은 푸에르토리코의 112세 에밀리오 플로레스 마르케스를 생존해 있는 세계 최고령 남성으로 인증하고 있습니다. 그동안 기네스북에 오른 사람들을 보면 대부분 110~120세 정도입니다. 그러니까 인간의 자연 수명의 한계는 이 정도가 아닐까요?

서귀포라는 이름을 남긴 서복이 찾던 것

인간 대부분은 120세라는 자연 수명도 넘기지 못합니다. 질병, 전쟁, 기아, 사고, 극단적 선택 등 많은 이들이 그 전에 죽습니다. 선진국이라고 해도 통계적으로 사람의 평균수명은 70~80세 정도니까요. 그래서인지 부자들의 꿈은 거의 비슷합니다. 무병장수죠. 돈과 권력을 획득하면, 그다음에는 그 유익을 계속 누리고 싶어지는 법 아니겠어요?

불사를 꿈꾸고 구체적 행동에 옮긴 인물 중 가장 유명한 사람은 중국 최초의 통일 왕조를 이룩한 진시황일 것입니다. 대륙을 제패했으니 그 감격과 권위는 하늘을 찔렀겠죠. 진시황은 자신이 이룩한 과업에 심취한 나머지, 불로불사를 꿈꿉니다. 현세의 권세와 재산을 놓치고 싶지 않았던 거죠. 그래서 서복이라는 인물에게 불로초 원정대를 꾸리게 하여 동쪽으로 보냅니다. 공유와 박보검 주연의 죽지 않는 복제인간에 대한 영화 〈서복〉의 주인공, 서복의 이름은 바로 진시황의 불로초 원정대 대장의 이름을 딴 것입니다.

서복의 전설은 한국 곳곳에 많이 남아 있어요. 그만큼 미친 듯이 불로초를 찾아 헤맸다는 건데요, 각인이 가장 많이 된 곳은 제주도의 서귀포죠. 서귀포의 이름이 서복에서 유래한 것입니다. 서복이 정방폭포를 보고 그 경치에 감탄해 폭포의 암벽에 서불과지(徐市過之)라는 글자를 새겼다고 하죠. '서복이 이곳을 지나갔다'는 뜻입니다. 예나 지금이나 제재하지 않으면 이렇게 자연을 해치는 사람들이 있나 봅니다. 지금으로부터 2,200여 년 전이니까 자연을 보호해야 한다는 개념이 더 떨어졌을 수 있겠죠. 서귀포는 정방폭포 근처에 있는 포구였고, 그 뜻이 '서복이 서쪽으로 돌아간 포구'라는 것입니다. 지금도 서귀포에는 서복공원과 서복전시관이 있어요.

서복의 자취는 한국뿐만 아니라 동아시아 곳곳에서 발견됩니다. 원정대가 대규모였다는 뜻이겠죠. 특히 서복은 진시황에게 돌아가지 않고 다른 곳으로 가서 나라를 세웠다고 전해지는데, 그 나라의 후보로 대만, 또는 일본 등이 거론됩니다. 특히 조선

중기 문인 박인로의 가사 〈선상탄〉에는 "임진왜란은 진시황이 서복을 동쪽에 보내 일본에 나라를 세웠기 때문에 일어난 것이니 이게 다 진시황 탓이다."라는 구절이 있다고 합니다. 물론 옛 사람들의 말이라고 무조건 옳은 것은 아니죠. 임진왜란을 기준으로 해도 서복 이야기는 약 1,800년 전 이야기니까요. 그저 전설일 뿐입니다. 그래도 일본 사가현에는 서복전시관이, 와카야마현에는 서복공원과 서복의 무덤이 있다고 하니, 서복과 아주 관계가 없지는 않나 봅니다.

진시황이 보낸 서복은 존재조차 확실하지 않은 불로초를 찾아 동아시아를 들쑤시고 다녔는데요, 정작 진시황은 50세의 나이로 병을 얻어 객사합니다. 허무한 결말이긴 해요. 게다가 진시황의 제국은 그가 죽은 후 3년 만에 사라졌으니 더 허무하죠. 만약 진시황이 10,000년을 살 수 있었다면 어땠을까요? 사실 그건 조금 과하고, 현대 의학 수준에 황제라는 여러 가지 특권을 받아 100세까지 살 수 있었다고 한다면 중국의 역사, 나아가 세계의 역사는 지금과 굉장히 다를 것입니다. 그런데 인간의 수명은 앞으로 100년 안에 100세 정도는 가뿐히 넘고, 어쩌면 또 다른 존재로까지 향할 수 있다는 예측이 나오기도 해요. 수명이 정해진 호모 사피엔스를 넘어, 죽음을 극복한 인간 '호모 데우스'죠.

인류가 신으로 업그레이드되는 순간

유발 하라리의 『사피엔스』는 그를 현대의 가장 영향력 있는 지식인의 반열에 들게 해주었습니다. 하라리의 책은 『사피엔스』를 시작으로 총 3부작이라고 할 수 있는데요, 『호모 데우스』, 『21세기를 위한 21가지 제언』이 나머지 두 권입니다.

정확하게 매칭되는 것은 아니지만, 『사피엔스』는 대략 과거에 대한 이야기입니다. 인류가 어떤 과정을 거쳐서 지금에 이르게 되었는지 보여줍니다. 그리고 『21세기를 위한 21가지 제언』은 현재에 대한 이야기입니다. 지금 우리가 가진 문제들을 어떻게 해결할 것인가에 대한 하라리의 진단과 분석, 제안이 담겨 있습니다. 마지막 『호모 데우스』는 우리의 미래에 대한 이야기예요. 먼 미래는 아니고 가까운, 근미래에 대한 이야기라고 할 수 있습니다.

『호모 데우스』는 하라리의 전작인 『사피엔스』의 다음 편이에요. 『사피엔스』에서는 호모 사피엔스 종족인 인간이 다른 동물들과의 경쟁, 그리고 특히 네안데르탈인 같은 종족들과의 경쟁에서 살아남아 현재 지구에서 우위종이 될 수 있었던 이유를 찾습니다. 간단하게 말하면 인지 혁명, 농업혁명, 과학혁명을 거치며 죽음까지 극복할 수 있는 새로운 인류로 진화하고 있다는 것이죠.

『호모 데우스』는 여기에 이어지는 것으로, 굶주림, 질병, 폭력으로 인한 사망률을 줄인 인간이 그다음 단계인 노화와 죽음을 극복하는 단계로 가고 있다는 것이죠. 호모 데우스의 '데우스'는 신을 뜻하는 말입니다. 그러니까 호모 사피엔스에서 호모 데우스로 간다는 말은 인류가 신으로 업그레이드된다는 뜻이에요. 노화와 죽음을 극복하고, 이전에는 불가능했던 것들을 기술의 발전으로 성취하고 컨트롤할 수 있게 되니까, 이것을 '신성'을 획득한다고 표현해도 아주 과한 것은 아닐 듯합니다. 일단 죽지 않고 늙지 않는다는 것이니까요.

『호모 데우스』는 처음 서문과 이후 세 개의 장으로 구분되어 있습니다. 서문을 읽으면 이 책에서 하라리가 하려는 이야기가 무엇인지 확실히 알 수 있어요. 이어지는 세 개의 장에서 그런 사유의 과정을 인류의 역사와 함께 정리하며 자세하게 이야기합니다. 그러다 보니 인류 역사에 대한 전체적인 논의는 『사피엔스』와 겹치는 부분이 있어요. 다만 이 책에서는 그 부분을 과학과 엮어서 조명하고 있습니다.

1부를 요약하면 인간이 동물과 달리 경쟁력이 있었던 이유가 여러 명이 유연하게 협력할 수 있도록 상상의 힘을 발휘할 수 있었기 때문이라고 합니다.

2부를 통해서는 그러한 인간들이 세계를 어떻게 구성하고 유지해 왔는가에 관해 이야기하는데요, 종교라는 스토리텔링 체계에서 인본주의로 그 구성하는 힘의 근간을 발전시켜 왔다는 것입니다. 신에 대한 믿음이 인간에 대한 믿음으로 바뀌는 과정입니다.

3부를 통해서는 인본주의의 꿈을 실현하는 과정에서 나오는 포스트인본주의의 기술들이 인본주의의 근간을 흔들게 될 것이라고 이야기합니다. 인간의 몸은 유전자로, 그리고 정신은 알고리즘으로 파악할 수 있다는 것입니다. 파악 가능하다는 것은 그것을 개조하거나 업그레이드하는 것도 가능하다는 얘기거든요. 인간의 의지는 인본주의에서 가장 중요한 요소인데, 이 의지를 맞춤으로 얻을 수 있다면 이것은 딜레마 상황이 될 수밖에 없습니다.

인류의 멸망과 호모 데우스의 탄생

하라리가 생각하는 기술 인본주의의 대안은 '데이터'입니다. 18세기 인본주의는 신 중심 세계관에서 인간 중심 세계관으로 이동하며 신을 밀어내었는데, 21세기에는 인간 중심 세계관에서 데이터 중심 세계관으로 이동함으로써 인간을 밀어내게 된다는 것입니다. 호모 사피엔스가 사라지고, 그것을 대체하는 것이 바로 기술, 데이터로 무장한 호모 데우스죠. 호모 데우스는 지금의 인류와는 다른 종족입니다. 그러니까 하라리에 따르면 지금 인류는 멸망을 앞둔 셈입니다.

마지막에 하라리는 "유기체는 단지 알고리즘이고 생명체는 데이터를 처리하는 과정에 불과할까?"라는 문제를 같이 생각해 보자고 합니다. 지금까지 자신이 그렇게 말해놓고, 과연 그럴까 묻는 것이나 다름없으니 조금 이상한 화법이죠. 독자들의 반발을 살 것이라는 것을 알고 있기 때문에 단정적인 결론을 피하려는 의도 같습니다.

하지만 지능과 의식 중 의식 없이 지능만 가진 알고리즘이 우리 자신보다 우리를 더 잘 알게 되면 우리에게 어떤 일이 생길 것인가를 생각해 보자는 그의 말은 현재 AI, 자율주행, 메타버스 등 여러 가지 기술 발전의 방향을 보면 그대로 예언처럼 들리면서, 호모 데우스로의 진화는 피할 수 없는 것으로 느껴지게 합니다.

데이터, 심장 제세동기와 피질 직결 인터페이스

마케팅의 아버지라 불리는 필립 코틀러는 『마켓 5.0』이라는 책에서 마케팅에 대한 새로운 개념을 제시하며 데이터 기반의 마케팅에 대해 말했습니다. 어느 날 집으로 임산부 물품 카탈로 그가 배송되면서 아버지가 딸의 임신 사실을 알아채게 된 일이 있었습니다. 대형마트에서는 딸이 샀던 물품을 보고 그녀가 임신했을 거라는 사실을 인지하고 그와 관련된 카탈로그를 보냈다는 거예요. 딸은 졸지에 아버지에게 임신 사실을 고백하게 되었는데, 이 경우 데이터가 진실보다 앞섰던 거죠.

데이터는 이미 우리 자신보다 우리를 더 자세히 알기 시작했어요. 인터넷과 컴퓨터 성능의 향상은 빅데이터를 다룰 수 있게 만들었고, AI는 빅데이터에 의미를 부여해 알고리즘을 찾아내게 하고 있습니다. 하라리가 예측한 호모 데우스로의 진화는 이미 시작된 셈이죠.

축구선수 손흥민과 영국 프리미어리그 토트넘에서 함께 뛰며 한국인에게도 잘 알려진 크리스티안 에릭센이라는 덴마크 선수가 있습니다. 이 선수는 2020년 유럽축구선수권대회(유로 2020) 조별 리그 핀란드전에서 심장마비로 쓰러졌는데요, 다행히 응급조치를 통해 목숨을 건졌습니다. 그리고 심장 제세동기 삽입 수술을 받았습니다. 심장 제세동기는 몸에 부착된 기계가 심장의 불규칙한 박동을 감지하게 되면, 전기 충격을 통해 정상적인 맥박을 찾도록 도와주는 기계입니다.

에릭센은 이 기계의 도움으로 프리미어리그에 복귀해 선수 생명을 이어나갈 수 있었습니다. 예전 같으면 이미 목숨을 잃어도 이상하지 않은 상황이고, 다시는 축구를 못했을 수도 있는데,

기계의 도움으로 그는 꿈을 접지 않고 오히려 전 세계 많은 사람에게 용기와 영감을 주는 도전을 하게 된 것입니다.

자동차 기업 테슬라의 CEO 일론 머스크는 '뉴럴링크'라는 회사를 설립해 인간의 뇌에 데이터 칩을 심고, 정보를 다운로드하거나 업로드하는 기술을 연구하고 있습니다. 동전 크기의 칩을 삽입하는 기술은 이미 개발을 끝내서 동물 실험에 성공한 상태라고 하죠. 인간의 두뇌를 컴퓨터에 직접 연결한다는 생각은 무척 위험하지만, 뉴럴링크는 이를 두고 치매에 걸린 사람들에게 굉장히 유용한 의학적인 용도라고 이야기하고 있어요. 하지만 어떤 인간 개조 프로젝트도 처음의 목적이 의학이 아니었던 적은 없었어요. 그러다 인간 강화로 향하는 것이죠.

머스크는 공개 석상에서 "AI의 성능이 계속 발달하니 인간이 이 AI에 지지 않기 위해서는 인간 자체가 AI처럼 되어야 한다."라며 대놓고 주장합니다. 그 방법 중 하나가 컴퓨터를 인간의 두뇌에 직접 연결하는 '피질 직결 인터페이스(Direct cortical interface)'라고 보고, 이런 연구를 하는 것이죠. 계획대로 된다면 인간은 컴퓨터를 머릿속에서 가동할 수 있다는 거예요. 태국 여행을 떠나기 전날 태국어 패치를 사서 자신의 머릿속에 깔면, 태국어를 할 수 있게 되는 날이 올 수 있다는 얘기지요.

평범한 사람들이 사인한 과학과의 계약서

이미 인류는 호모 데우스로의 진화 방향을 되돌릴 수는 없을 듯합니다. 유전자 조작은 미치광이 과학자에 의해서가 아니라 평범한 학부모들에 의해 먼저 시작될 것이라는 예측도 있습니다. 1,000만 원으로 유전자를 조작하고 두뇌가 명석한 아이가 태어난다고 하면 그것을 거절할 부모는 생각보다 많지 않을 거라는 것이죠.

수명을 초월하고, 질병을 극복한 사람. 그것이 인류에게 재앙인지 축복인지는 결론짓기 어려운 문제이지만 그 길을 갈 것인가 하는 문제는 비교적 쉽게 결정할 수 있을 것 같네요. 그러니까 호모 데우스로의 진화를 받아들이느냐 아니냐는 이미 우리의 선택 사항이 아닌 것 같습니다. 다만 우리 세대에 호모 데우스가 되느냐, 그다음 세대로 넘어갈 것이냐의 문제죠.

우리는 이미 '과학을 줄 테니 영혼을 달라'는 메피스토펠레스의 계약서에 서명한 셈입니다. 이 계약의 끝에는 무엇이 있을까요? 도대체 과학은 인류를 어디까지 데려다줄까요? 이 궁금함을 풀기 위해 지금까지 인류와 과학이 동행했던 길을 더듬어보면서 과학이 가려는 길을 짐작해 보고자 합니다.

인류가 과학과 체결한 계약을 검토해 보면, 우리의 계약서가 메피스토펠레스의 제안처럼 영혼을 담보한 계약인지, 아니면 무조건 인류에게 유리한 계약인지 알 수 있지 않을까요?

그나저나 이건 조금 다른 질문이지만, 어떻게 보면 같은 결의 질문인데요, 여러분은 만약 죽지 않는 몸을 선택할 기회가 온다면 어떤 선택을 하실 건가요?

뉴럴 레이스

'뉴럴 레이스(Neural lace)'는 초소형 칩을 인간의 대뇌 피질에 삽입한 뒤, 이 칩을 통해 정보를 다운받거나 업로드하는 기술을 말합니다. 여기서 '정보'는 인간의 생각이나 기억일 것입니다. 인간의 뇌가 작동할 때는 미세한 전기 신호들이 발생하는데, 그 신호들을 외부에 전달하면 그것이 인간의 생각이나 기억을 다운로드하는 것이 되는 거죠. 반대로 전기 신호들을 거꾸로 뇌 사이에 흘려주면 생각이나 기억을 만들어낼 가능성도 있습니다. 물론 전기 신호에 관한 완전한 분석이 있어야 가능한 일이겠지만요. 인간의 특정 기억만 지우는, 마치 영화에서 나올 법한 이 기술이 사실은 상상 속에만 그치는 것이 아니라 실제 연구되고 실험되고 있어요.

뉴럴링크는 앞서 말했듯 일론 머스크가 2016년에 세운 회사입니다. 뉴럴 레이스 기술을 이용해 인간의 신경 세포인 뉴런과 컴퓨터를 직접 연결하는 기술을 연구 중이죠. 놀라운 것은 과학자들이 입을 모아 이런 아이디어가 실현 가능하다고 말하고 있다는 겁니다. 그뿐만 아니라 관련 기업들도 더 생기고 있어요. 뉴럴링크와 같은 해에 세워진 기업 '싱크론'은 기술이 상당히 앞서 있습니다. 뉴럴링크가 원숭이를 대상으로 한 임상실험에서는 성공했지만 아직 인간을 대상으로 임상실험을 하겠다는 계획을 미국식품의약국(FDA)에 승인받지 못했거든요. 반면 싱크론은 2021년 8월 FDA로부터 임상실험 승인을 받았고, 2022년에는 미국에서 처음으로 환자에게 기기를 이식하기도 했습니다.* 싱크론의 기술은 기기를 삽입하기 위해 두개골에 구멍을 뚫을 필요가 없이 혈관 내 시술로 칩을 뇌혈관에 삽입할 수 있다는 것입니다.

2021년 호주에서 싱크론의 기기를 삽입한 루게릭병 환자가 단순한 생각만으로 트위터에 글을 업로드하고, 인터넷 쇼핑을 해서 이미 그 가능성은 충분히 입증된 상태입니다. 만약 뇌파에 대한 비밀이 더 밝혀진다면 생각만으로 모든 것을 가능케 하는 시대가 다가올 수 있습니다. 게다가 사물 인터넷 시대에 그런 연결을 주변 스마트 기기들에 한다고 생각해 보면, 생각만으로 집의 불을 켜고, 메일을 보내며, 심지어 차를 운전할 수도 있다는 뜻이거든요. 생각만으로 차고에 있던 차를 눈앞에 가져다 놓는 기술이라니, 마치 염력 같죠.

무서운 것은 뇌에서 출력되는 아웃풋을 제어할 정도면 뇌에 인풋도 가능하다는 점이에요. 역사, 언어, 수학, 상식을 공부할

* '일론 머스크, 뉴럴링크 경쟁사 '싱크론' 인수할까', 지디넷코리아, 2022.8.22.

필요 없이 음원 구입하듯 산 다음에 그대로 입력하면 됩니다. 독서도 필요 없습니다. 100권짜리 세계문학전집을 사서 입력하면 그 기억을 가질 수 있을지도요. 기억을 이식할 수 있다면 경험도 이식할 수 있겠죠. 인간의 경험이라는 것은 기억의 퇴적 결과니까요.

이는 기득권들의 기득권이 더 강화되는 토대가 마련되는 것입니다. 많은 부를 축적한 사람들은 자신을 발전시키는 데 더욱 유리해지는 상황이 되는 겁니다. 이 외에 보안에 대한 이슈도 있을 겁니다. 해킹을 통해 타인의 기억이나 생각을 조작할 수 있다는 가능성이 생기는 거니까요. 그러나 자동차 자율주행에 대한 염려에도 현재 조금씩 자율주행이 완성에 다가가고 있듯, 뉴럴레이스 기술 역시 이런 이슈들 때문에 멈출 것 같지는 않네요. 어느 방향으로 어디까지 발전할지 궁금할 따름입니다.

제 2 장

삶을 바꿔 놓은
과학 기술의 자취들

3. 있는 것을
있는 것으로 다루려는 시도

아리스토텔레스 『니코마코스 윤리학』

족벌 경영에 반발하고 퇴사하는 선생님

인사 발령 공지가 붙은 게시판 앞에 한 남자가 망연자실하게 서 있다. 다른 사람들도 그의 모습을 보았지만, 마치 그가 거기 없다는 듯이 살짝 피해 가기만 했다. 차마 무슨 말을 건네야 할지 아는 사람이 없었기 때문이다.

10분쯤 되었을까, 너무 움직임이 없어 얼핏 저게 동상인가 착각할 무렵 게시판 앞에 서 있던 남자가 움직였다. 그의 발걸음은 무거웠지만 결심이 선 듯 단호한 모습이었다.

그가 향한 곳은 교실이었다. 그의 학생들이 자리를 잡고 수업이 시작되길 기다리고 있었다. 여느 때와 다름없이 학생들은 다른 선생님들과 조금 결이 다른 그의 수업을 재미있게 들었다. 수업이 끝날 무렵 그는 학생들에게 단호한 어조로 말했다.

"오늘이 제군들과 함께하는 마지막 수업이 될 것 같네."

어떤 학생도 그의 말에 왜냐고 묻지 않았다. 학생들은 그 이유를 모두 알고 있었기 때문이다.

"선생님, 어디로 가실 건가요?"

"이제 나는 학원을 떠나 우리가 생각하고 고민했던 것들을 현실에 적용해 보려고 하네. 얼마 전 정치적 자문을 해달라는 나라가 있었는데, 아마 거기로 가게 될 것 같아."

현실에 대한 관심은 원래부터 선생님의 성향이었다. 그런데 학원 분위기는 이상적인 이론에 치중하고 있었기 때문에, 사실 선생님과 학원장의 사이가 그렇게 좋은 편은 아니었다. 그래서 학문적 능력만 보면 차기 학원장이 될 만한 강력한 자격을 갖추었는데도, 왠지 이 사람이 학원장이 안 될 수도 있다는 소문이 떠돌고 있었다.

하지만 인사 발령 공지에 새로운 학원장으로 전 학원장의 조카 이름이 버젓이 적혀 있으리라고는 아무도 예상하지 못했다. 왜냐하면 학원장의 조카는 적어도 학문적 역량으론 이 학원을 이끌고 갈 만큼은 아니라고 생각되었기 때문이다.

그렇다면 이건 전형적인 족벌 경영이다. 당연히 남자도 이렇게 생각했고 그에 대해 분노가 치밀지 않을 수 없었다. 그의 퇴사 결심은 갑작스러웠지만, 또한 당연하기도 했다.

"그동안 자네들을 가르칠 수 있어서 좋았다네. 이제 나의 마지막 수업을 마치겠네."

그렇게 그는 17살에 처음 들어와서, 오랫동안 수학했던 학원과 학원이 자리 잡았던 도시를 떠나게 되었다. 그가 인생의 격랑에 본격적으로 뛰어든 이 사건은 그의 나이 37세에 일어난 일이다.

누구에게나 사정이라는 것은 복잡하기 마련이다

위의 사건은 실제로 2,400여 년 전쯤 아테네에서 일어났습니다. 학원을 떠나야 했던 선생님의 이름은 아리스토텔레스입니다. 그러면 학원장은 플라톤이겠죠. 플라톤은 아테네에 학원을 세우고, 아카데모스라는 신을 기리기 위해 학원 이름을 '아카데미아'라고 했습니다.

플라톤은 사후에 그가 이룩해 놓은 아카데미아를 이끌어갈 사람으로 아끼던 제자 아리스토텔레스를 지목하지 않고, 그의 조카인 스페우시포스를 지목했습니다. 능력을 따지지 않는 족벌 경영은 예나 지금이나 여러 가지 문제를 일으킵니다. 아리스토텔레스는 능력이 아닌 혈연으로 인사이동이 이루어지는 것을 참지 않고 그가 수학하고 가꾸어왔던 아카데미아를 떠나기로 결심합니다. 사실 이 일은 결심의 계기이긴 하지만, 이렇게 결정하기까지 진정한 동기는 따로 있긴 합니다.

처음에 플라톤은 아리스토텔레스의 학문적 능력 때문에 그를 너무나 좋아하고 사랑했습니다. 아리스토텔레스에게 '아카데미아의 정신'이라고까지 치켜세웠으니까요. 그런데 시간이 지날수록 아리스토텔레스는 자꾸만 플라톤의 가르침에서 엇나가기 시작했어요. 한마디로 플라톤은 이상적이라면 아리스토텔레스는 현실적이었죠. 사실 플라톤은 아테네 귀족 출신으로 아테네에서 아카데미아를 운영하는 기득권입니다. 반면 아리스토텔레스는 마케도니아 변방에서 태어나 아테네에서 거류민 신분으로 사는 이방인이에요. 아리스토텔레스는 시민권도 없고, 외국인 노동자 비자로 아테네에 체류하고 있는 셈이기 때문에 선거권도 없었죠. 처지가 너무 다릅니다.

두 사람은 관심 있는 분야도 달라요. 플라톤은 수학이나 기하학같이 이론으로 완벽해지는 세계에 관심이 많았어요. 그래서 플라톤의 대표적인 사상이 '이데아론'이잖아요. 그런데 아리스토텔레스는 의사의 아들로, 어려서부터 의학이나 자연과학 분야에 관심이 많았습니다. 현실적인 학문에 조금 더 주의를 기울였다는 것이죠. 아리스토텔레스의 저서 중 자연과학과 관계된 서

적이 많은 것은 우연이 아닙니다.

그러다 보니 흉흉한 소문도 있었습니다. 2,400년 전에 있었던 이야기이기 때문에 정설은 남아 있지 않은데, 재미있게도 소문은 남아 있습니다. 이런 게 무서운 거죠. 뒷이야기는 2,000년 이상 가기도 하거든요.

바로 아리스토텔레스가 플라톤을 아카데미아에서 쫓으려고 한다는 소문이었어요. 학원의 설립자를 제자가 내쫓으려고 여러 가지 노력을 했다는 얘기였죠. 마치 애플의 창업자 스티브 잡스가, 자신이 창업한 애플에서 쫓겨나듯이 말입니다. 플라톤 역시 아리스토텔레스에 대해서 '나를 버린 제자'라고 했다는 역사가도 있어요. 그런 점에서 미루어 보면 둘 사이의 관계가 그렇게 좋았던 것 같지 않습니다. 아리스토텔레스가 플라톤을 버린 것은 확실하지 않지만, 플라톤이 아리스토텔레스를 야박하게 대한 것은 맞는 것 같죠. 자신의 학원을 능력과 상관없이 조카에게 물려주어 버렸으니까요.

그런데 또 이렇게 이야기하면 일방적으로 플라톤을 나쁘게 말하는 것 같으니, 다른 사정을 설명해야겠네요. 아리스토텔레스가 아카데미아를 물려받지 못한 또 하나의 이유는 아리스토텔레스의 출신 때문입니다. 아리스토텔레스의 조국이라고 할 수 있는 마케도니아와 아테네의 사이가 나빠지고 있었거든요. 러시아와 우크라이나의 전쟁이 임박했을 때, 우크라이나에 사는 러시아 사람 같은 느낌인 거죠.

사실 아리스토텔레스는 정확히 마케도니아 사람도 아닙니다. 마케도니아 근처의 정말 작은 도시인 스타키라 출신인데, 마케도니아와 지리적으로 가까워서 마케도니아 사람처럼 여겨졌던 것이죠. 어쨌든 아테네 출신이 아니기 때문에 시민권이 없어서 아리스토텔레스의 재산권이나 선거권은 제한된 상황이었고, 친마케도니아 분자로 인식되어 신변의 위협까지 느끼는 시기였습니다. 그래서 아리스토텔레스는 학원장 인사 발령을 보고 지체 없이 아테네를 떠났던 거죠.

사교육계의 경쟁업체를 세우다

아리스토텔레스는 아테네를 떠난 후에 아소스와 레스보스섬에 5년간 머물면서 현실 정치에 조언합니다. 그리고 마케도니아에 가서 가정교사로 취직해요. 현실 정치에도 관여했지만 그래도 아테네에서 명망 높은 아카데미아의 학원장 자리를 겨루던 사람이 겨우 가정교사가 되었나 생각하는 분도 계실 텐데요, 절대 '겨우'가 아닙니다. 그의 제자가 마케도니아의 황태자였거든요. 그 황태자 이름은 여러분도 아는 사람입니다. 바로 알렉산드로스예요. 서구권을 통일하고 멀리 인도까지 세력을 확장해 대왕이라는 칭호를 받는 그 알렉산드로스입니다.

아리스토텔레스가 알렉산드로스를 가르친 것은 3년이지만, 성장기 소년에게 딱 붙어서 지낸 3년이라는 세월은 그 소년에겐 짧은 시간만은 아니겠죠. 아리스토텔레스는 알렉산드로스의 가정교사를 그만두고 다시 아테네로 갑니다. 이제 서구권에서는 마케도니아의 세력이 너무 강해져서, 아리스토텔레스는 마케도니아의 비호 아래 금의환향한 셈입니다. 아리스토텔레스가 강대한 마케도니아를 만든 알렉산드로스의 스승이잖아요.

아리스토텔레스는 아카데미아로 돌아가지 않고 자신의 학원 '리케이온'을 세웁니다. 처음에는 현장학습과 야외 학습을 주로 해서, 정원을 산책하며 제자들을 가르쳤어요. 그래서 이 사람들을 '소요학파(逍遙學派)'라고 불러요. 소요는 '자유롭게 이리저리 슬슬 돌아다닌다.'라는 뜻이거든요. 아리스토텔레스가 이렇게 여유 있게 리케이온을 열고 12년 동안 운영할 수 있었던 이유는 제자인 알렉산드로스의 후원을 받았기 때문이에요. 오늘날 가치로 따지면 400만 달러의 연구비를 받아서 다양한 연구를 진행했다고 합니다. 그러니까 사실 학원의 의미보다는 연구 센터의 의미가 더 강했던 거죠.

하지만 아리스토텔레스는 편하게 살 운명은 아니었나 봐요. 알렉산드로스가 죽으면서 마케도니아의 세력이 약해지자, 바로 아테네 사람들에게 위협을 받아요. 20여 년 전에 썼던 글 때문에 고발당하죠. 아리스토텔레스는 이 사람들이 소크라테스를 죽였듯이 자신도 죽일 것이라고 확신했는지 다시 아테네를 탈출합니다.

애당초 이렇게 정세에 따라 자신의 입지가 달라질 아테네에, 아리스토텔레스가 굳이 자리를 잡은 이유는 도대체 뭘까요? 아마도 그에겐 청춘을 보낸 아테네가 마음의 고향이었을 거예요. 하지만 그런 그의 마음을 아테네는 받아주지 않은 거죠. 특히 다시 돌아올 때는 정복자 마케도니아를 등에 업고 왔으니까요.

탈출 후 얼마 뒤 아리스토텔레스는 위장병으로 죽습니다. 말로가 쓸쓸한 느낌이죠. 그런 의미에서 아리스토텔레스는 평생을 주변인으로 살았다고 할 수 있죠. 아테네에 있지만 아테네 사람은 아니고, 마케도니아의 후광을 입어 일하지만 심정적으로는 아테네 사람인 거니까요.

아리스토텔레스의 현실적인 행복론

이런 아리스토텔레스가 이상을 꿈꾸는 것은 사실 맞지 않아요. 그래서 아리스토텔레스의 철학은 그의 스승과는 다르게 매우 현실적입니다. 플라톤의 이상적인 이데아론은 기독교의 교리 형성에 많은 영향을 미쳤습니다. 아리스토텔레스의 현실적인 논의는 경험주의를 거쳐서, 과학에 영향을 미치죠.

아리스토텔레스의 논의는 정신적이고 이상적일 수 있을 행복론에도 현실의 실제성을 드리웁니다. 아리스토텔레스가 강의하고 그의 아들인 니코마코스가 정리한 책이 바로 『니코마코스 윤리학』인데요, 이 책은 인간의 궁극적인 목적은 행복 추구이고, 그 행복을 어떻게 달성할 수 있는가에 관해 이야기하고 있어요. 행복한 삶의 비결을 알려주는 책이죠. 그런데 그 접근 방법이나 고찰의 과정이 매우 현실적이고 실생활에 닿아 있다 보니 이 책은 서양사 최초의 자기 계발서로도 볼 수 있을 것 같아요.

『니코마코스 윤리학』은 인간의 행복은 어디에서 오고, 어떻게 유지하며, 어떻게 발전할지 폭넓게 조망한 책입니다. 이 책은 윤리학이라는 이름을 가지고 있지만, 단순히 윤리학에만 머무르지 않고 행복을 추구한다는 것에 대해 서술하면서 아리스토텔레스 사상을 집대성하고 있습니다. 그래서 이 책은 인류 역사상의 스테디셀러이자, 가장 위대한 저작물 중 하나이기도 합니다.

아리스토텔레스에 의하면 사람이 살아가는 가장 궁극적인 목표는 행복입니다. 중요한 것은 행복은 마음의 상태가 아니고, 구체적으로 인간 활동이 수행될 때 얻어진다는 점입니다. 바로 이런 점이 아리스토텔레스가 굉장히 현실적인 철학을 펼쳤다고 평가받는 이유인 거죠. 행복은 궁극적 미덕에 걸맞은 활동인 만큼 아리스토텔레스는 미덕의 본질에 대해서 고찰합니다. 그리고 이 미덕의 핵심은 '중용'입니다. 넘치지도 모자라지도 않는 중간 단계인 거죠.

이러한 전제하에 아리스토텔레스는 인간의 여러 가지 실천적 활동을 넘침과 모자람, 그리고 중용이라는 틀로 분석합니다. 용기, 절제, 돈과 명예에 관한 태도, 분노, 사교, 재치, 수치심 같은 것들이죠. 예를 들어 명예에 관한 태도를 이야기할 때 자부심이 나오는데, 자기는 큰일을 할 만하다고 생각하는 사람이 실제로 큰일을 할 만한 사람일 때 가지는 마음이 자부심입니다. 그런데 자기 자신에 대한 평가가 지나치면 과대평가가 되어 어리석은 사람이고, 자기 자신에 대한 평가가 모자라면 과소평가가 되어 소심한 사람이 됩니다. 이런 구체적 활동에 대해 이야기하니 마치 자기 계발서 느낌이 드는 겁니다.

조금 더 큰 개념에 대해서도 장을 할애하며 다룹니다. 정의에 대해 나오는데요, 정의 역시 중용에서 찾을 수 있는 것인데, 정의와 공정성은 비슷하지만 공정성이 조금 더 큰 개념이라는 것이 아리스토텔레스의 생각입니다. 법의 결함이 있는 곳에서 법을 교정하는 역할을 하는 것이 공정성의 본성이라고 하거든요. 그런데 요즘에 힘 있는 자들은 법을 교정해서라도 자신의 이익을 실현하고서 자신은 공정성을 따른다고 말하는 모습을 보면, 지금은 공정성이 너무나 왜곡되게 쓰인다는 생각이 드네요.

지적 미덕이나 쾌락에 대한 이야기, 그리고 우애에 대한 이야기들이 이어집니다. 자제력에 관해 이야기할 때 아리스토텔레스는 자신의 스승의 스승인 소크라테스에 대해 자기 생각과 다른 점을 정확하게 콕 집어서 이야기해요. 아리스토텔레스에게 자제력 없는 사람은 자신이 행하는 것을 알면서도 욕망 때문에 참지 못하고 행하는 사람이지만, 자제력 있는 사람은 자신의 욕구들이 나쁘다는 것을 알면 그 욕구에 따르지 않는 사람입니다.

반면 소크라테스는 자제력 없는 사람은 없고, 누구나 최선의 것을 따르려 한다고 했어요. 그렇지 않은 사람은 무지해서, 그러니까 몰라서 그런 거라는 거죠. 이 얼마나 이상적인 이야기인가요. 모든 사람은 원래 자제력이 있기 때문에 좋은 것을 행하기 마련인데, 그렇지 않다면 그것이 좋은 것인지 몰라서 그렇다는 거잖아요. 아리스토텔레스가 소크라테스, 플라톤과 달리 지극히 합리적이고 실용적인 토대 위에 철학의 바탕을 쌓았다는 것을 다시 한번 느낄 수 있는 대목이죠.

서양 최초의 자기 계발서가 제안하는 행복의 의미는?

아리스토텔레스가 말하는 행복의 모습은 동양의 무위자연을 추구하는 도가의 모습과 비슷해 보여요. 마음이 넘쳐 너무 열정적인 것도, 마음이 모자라서 너무 냉정한 것도 아닌 중간의 상태로, 자신의 감정이나 욕망을 잘 절제하고 매사에 합리적으로 결정하는 사람입니다. 무언가를 억지로 바꾸는 것이 아니라 관조적 자세로 살아가는 것이 중요한 것이죠. 도가와의 차이점은 아리스토텔레스는 실천적 지혜를 강조하고 있다는 겁니다. 실제 생활에서 이루어지는 지혜인데요, 도가는 실제 생활에서 조금은 벗어난 느낌이 있지만, 아리스토텔레스는 생활에서 얻는 지혜를 무척 중요하게 생각해요.

아리스토텔레스는 마지막 장에서 행복한 삶에 대해 정리하는데, 한마디로 '관조적 삶이 행복하다'는 거예요. 그런데 여기서 그치지 않고 이런 말을 덧붙입니다. "그러나 행복한 사람은 인간이기에 외적인 조건도 좋을 필요가 있다. 우리 본성은 관조할 만큼 자족적이지 못하기 때문이다." 역시 현실적이죠. 이런 태도와 자세, 지식을 대하는 기조 때문에 아리스토텔레스의 철학은 공리주의나 경험주의의 토대가 되었고, 나중에 실용주의와 과학으로 이어진다는 평가를 받는 것입니다.

아리스토텔레스는 자기 능력을 최대한으로 발휘한 후에 느끼는 성취감이나 만족감, 그리고 그에 따른 성장이나 깨달음 등이 어우러져 인생의 행복을 이룬다고 보았습니다. 서양사 최초의 자기 계발서는 행복은 성취의 크기가 아니라, 그 과정에 달려 있다고 말하는 것입니다.

과학으로 이어지는 아리스토텔레스의 철학

아리스토텔레스는 서양 철학의 틀을 잡은 사람입니다. 소크라테스는 직접적으로 남긴 저서가 하나도 없습니다. 『소크라테스의 변명』이라는 책은 주인공이 소크라테스일 뿐 플라톤의 저작이죠. 플라톤 역시 저작을 아주 많이 남긴 것은 아닙니다. 다만 그의 이데아론이 서양 기독교의 교리 형성에 신플라톤주의로 영향을 미쳐서 서양 정신사에서는 큰 역할을 하는 거죠.

아리스토텔레스의 사상은 사실 플라톤주의가 번성할 때는 크게 영향을 미치지 못하고, 오히려 10세기에 아라비아로 수출되어 그곳에서 활발히 연구되었다고 합니다. 10세기 아라비아는 자연과학과 기술이 발달한 곳이었거든요. 이후 토마스 아퀴나스에 의해 아라비아에서 서양으로 역수입된 아리스토텔레스의 사상은 서양 철학사의 큰 기둥이 돼요. 어떻게 생각하면 철학이 아닌 과학사의 기둥이라고 할 수도 있죠. 그의 실제적이고 실증적인 연구 자세, 그리고 실천적 지식을 강조하는 태도 등은 공리주의와 경험주의를 낳게 되고, 그것이 실용주의와 과학주의로 이어지게 되니까요.

4. 꺼지지 않았던 과학의 불씨

연금술

공부와 취미 사이

"시한아, 요즘 공부는 안 하고 농구를 열심히 한다는 소문이 들리더라."

"네, 누나. 그거 소문 아니라 진짜예요."

대학원 진학 여부를 논의했던 일 때문인지 문주 누나는 종종 나의 공부에 관해 물어오곤 했다. 사실 같은 학교 대학원에 진학하는 것은 그다지 부담되는 일이 아니었기 때문에, 도서관보다는 농구장에서 지내는 시간이 더 많았다.

"대학원 가려면 학점 관리도 하고, 세미나도 하면서 준비해야 하는 이 중요한 때에 농구나 하며 시간을 버리다니, 너 정신이 있니?"

문주 누나는 직설적으로 강하게 말하는 편이기 때문에 이 정도는 일상적인 염려에 가깝다. 물론 그걸 알고 있지만, 듣기에 편하다는 것은 아니다.

"그래도 나름대로 준비는 하고 있어요."

큰 자신감을 가지고 한 말은 아니었지만, 다행히 대학원에 진학은 할 수 있었기 때문에 아주 허언만은 아니게 되었다.

그리고 몇 년 후 한국어학당에서 진행한 한국어 교사 연수에 참여하게 되었다. 한국어 교원 자격증을 문주 누나가 먼저 땄기 때문에 그에 대해 조언을 구했다.

"이번에 동기들과 같이 한국어 교사 연수를 받으려고요."

"잘 생각했어. 미래를 대비하는 데 그렇게 든든한 일도 없지. 게다가 학사 이상만 들을 수 있으니 직업으로도 아주 좋은 선택이야."

학사 이상 들을 수 있는데, 겨울 한 달 내내 교육받아야 했으니 겨울방학이 있는 대학원생들 아니면 듣기 힘든 과정이었다.

"중요한 시기에 농구나 하는 걸 보고 정신머리 없는 애라고 생각했는데 지금 보니 생각이 있는 애였구나."

이게 칭찬인지 아닌지는 모르겠지만, 타인이 하는 평가니 그리 신경 쓸 말은 아니었다.

그것이 미래에 중요한 일인지 지금 어떻게 알까?

　20대 초반에서 중반으로 넘어갈 즈음에 농구가 그렇게 재미있더라고요. 그 무렵 복학한 학교 일과는 일찌감치 학교에 가서 도서관에 자리를 맡은 다음, 자판기 커피를 한 잔 마시고 바로 농구장으로 가는 것이었습니다. 그리고 거기 이미 와 있던 친구들과 농구를 하는데요, 점심을 먹으러 가거나 수업 들으러 갔다 오는 시간을 제외하면 온종일 농구장에 있었던 것 같아요. 한 8개월을 그렇게 보냈습니다. 이렇게 열심히 농구를 했는데도 실력이 안 느는 것을 보면 놀라울 따름이죠. 그때 주위 사람들의 반응은 한결같았어요. 이렇게 중요한 시간을 아깝게 농구나 하면서 흘려보낼 거냐고요.

　몇 년 후, 대학원에 진학해 겨울방학 때 학교에 있는 한국어학당에서 한국어 교사 연수 과정을 들었어요. 지금은 한국어를 가르치는 선생님도 많고, 한국어학당도 개설한 대학이 많아서 일반화되었지만, 당시만 해도 흔하지 않은 과정이었죠. 겨우내 한국어 교사 연수를 받으며 보냈습니다. 그러자 주위에서는 미래를 대비한 훌륭한 선택이라며, 너무 잘했다고 했습니다.

　시간이 많이 흐른 지금, 제 인생에 크게 도움이 되는 것은 농구입니다. 그렇다고 조기 농구회에서 포인트 가드를 맡고 있다는 그런 얘기가 아니고요, 그때 하루에 10시간 이상 운동하고 보낸 시간이 강인한 체력이 되어 제 든든한 뒷배가 되어주고 있거든요. 글을 쓰거나 강의하는 일은 사실 체력 싸움입니다. 얼마나 오래 집중해서 앉아 있을 수 있는지가 관건이죠. 밤새 글을 쓰고, 다음 날 샤워 한 번 하고 강의를 할 수 있는 체력이 있다는 건, 어린 시절에 열심히 했던 농구 덕분이라고 생각합니다.

반면 한국어 교사 연수를 통해 받았던 한국어 교원 자격증은 제 인생에서 한 번도 써본 적이 없어요. 우연하게라도 외국인들에게 한국어를 가르쳐본 적이 없습니다. 공교롭게도 제가 만났던 외국인들은 한국어를 잘했어요. 지금 와서 보면 한국어 교사 연수를 받은 것은 제 인생에 있어선 쓸 곳이 없는 선택이었죠.

어떤 경력이나 일, 보냈던 시간이 자신의 인생에 큰 도움이 되는지 그것을 누가 단언해서 말할 수 있을까요? 지금 당장 쓸모없어 보이는 일이 시간이라는 첨가제가 더해지면 나중에 어떤 모습으로 유용하게 변할지 아무도 모릅니다. 반대로 지금은 중요하다고 생각되는 일들이, 나중에 알고 보면 사소한 일이었던 것으로 밝혀질 수도 있어요.

인류 역사상 최고로 쓸데없는 일

인류 역사상 가장 헛된 일처럼 보이는 일이 있습니다. 연금술 연구입니다. 금속을 금으로 변하게 만든다는 희망에 사람들은 몇천 년 동안 인생을 걸고 달려들었습니다. 하지만 아무도 성공하지 못했어요. 지금은 기술의 발달로 가능하지만, 금속을 금으로 만드는 데 드는 비용이면 차라리 금을 사는 것이 훨씬 저렴하다고 합니다. 생각해 보면 기술이 발달해 금을 저렴하게 생산할 수 있게 된다고 가정했을 때, 그런 상황에서 금은 더 이상 우리가 아는 그 금이 아닐 것입니다. 그러니 헛짓인 거죠. 실패하면 그간 쏟은 시간이 소용없게 되는 것이고, 성공하면 금의 가치를 날리는 것이니까요.

그러나 인류사에서 가장 오래된 '쓸데없는 일'인 이 연금술은 선조들이 우리에게 남긴 귀중한 유산입니다. 인류의 발전에 이만큼 기여한 게 또 있을까 싶은 정도로 영향을 미친 게 연금술이죠.

현자의 돌을 찾아서

연금술의 유산은 지금도 곳곳에서 마주칠 수 있습니다. 조앤 K. 롤링이 쓴 『해리 포터』 시리즈의 첫 번째 편을 기억하시나요? 호그와트 마법학교에 다니는 마법사 해리가 세상에 등장하는 그 첫 번째 시리즈의 부제가 『해리 포터와 마법사의 돌』입니다. 마법사의 돌은 연금술에서 궁극적으로 만들어내고자 하는 최후의 목표입니다.

『해리 포터』에서는 '마법사의 돌'이라는 말을 썼지만 이것은 사람들에게 직관적으로 이해시키기 위한 용어이고, 보통은 이 도구를 '현자의 돌'이라고 부릅니다. 사실 『해리 포터』 첫 번째 시리즈는 영국의 원서 제목이 'Philosopher's Stone'입니다. 'Philosopher'를 철학자라고 번역할 수도 있기 때문에 현자의 돌이 아닌 철학자의 돌로도 불릴 수 있지만, 이렇게 되면 정말 뜻을 짐작할 수가 없는 엉뚱한 용어가 되고 말죠.

미국에서 『해리 포터』가 출간되었을 때도 'Philosopher'라는 단어가 애매하다고 생각했나 봅니다. 그래서 미국에서는 Philosopher's Stone이 아닌 'Sorcerer's Stone'이라는 이름으로 출간되었습니다. 'Sorcerer'는 마법사라는 뜻으로, 마블 유니버스에서는 닥터 스트레인지의 친구 마법사 웡이 'Sorcerer Supreme'이라고 불리죠. Supreme이 '최고의'라는 뜻이니까 '최고의 마법사'라는 뜻이 됩니다. 그래서 한국에서도 '현자의 돌'이나 '철학자의 돌'이 아닌 '마법사의 돌'이 된 것입니다.

이 현자의 돌로 할 수 있는 건 단순히 납을 금으로 변화시키는 정도가 아닙니다. 연금술의 원래 개념 또한 단순히 금을 만드는 게 아니거든요. 연금술은 사물의 진화를 촉진합니다. 사물은 시간이 지나면 점점 발전하는데, 금속의 경우 진화의 끝이 금이라는 것이죠. 그러니까 진화를 빨리 일으켜서 납을 금으로 만드는 도구가 현자의 돌인 거예요.

그것을 사람에게 사용하면 사람도 진화의 끝에 다다르게 됩니다. 그것이 바로 불사입니다. 죽지 않는 것이죠. 연금술을 연구하던 사람들은 금을 찾아 헤맸다기보다는 불사의 비결을 찾아 헤맨 거예요. 연금술 연구자 중에서는 니콜라 플라멜이라는 사람이 유명합니다. 연금술에 성공했다는 기록이 나오거든요. 도금을 입힌 것 정도의 성과였을 것이라고 짐작하는 사람들도 있지만, 전설이나 마법 계열에서는 너무도 유명한 이름이죠. 『해리 포터』에서 현자의 돌을 만든 사람의 이름이 니콜라 플라멜입니다. 『해리 포터』의 프리퀄 시리즈인 『신비한 동물 사전』에서는 니콜라 플라멜이 지금도 불사의 몸으로 살아 있다는 설정으로 이야기에 등장하기도 합니다.

연금술은 기술을 타고

연금술은 고대 이집트 때부터 존재했습니다. 거의 4,000~5,000년 전부터 인간이 연금술을 연구했다는 거죠. 이집트의 연금술은 그리스와 이슬람권으로 전파되었어요. 기원후부터 10세기 전까지는 중동 지역에서 연금술 연구를 주도했죠. 연금술을 뜻하는 단어인 'alchemy'의 어원이 아랍어 '알 키미아(el-kimya)'에서 유래되었다고 할 정도입니다.

이집트의 연금술사들이 섬기는 신은 '토트'였어요. 지식과 기록의 신이고 달·과학·시간 등을 관장했죠. 그리스의 연금술사들이 섬기는 신은 '헤르메스'고요. 심지어 이 두 신을 혼합한 신도 있습니다. 기원전 300년경에 그리스인들이 자신들의 신인 헤르메스와 이집트의 신 토트가 거의 유사함을 발견하고, 이 두 신의 혼종인 '헤르메스 트리스메기스투스(Hermes Trismegistus)'라는 신을 만들어냈습니다. 이 신의 이름은 '세 배 위대한 헤르메스'라는 뜻인데요, 이때 나오는 숫자 3은 이 신이 세 가지를 완벽하게 알고 있다는 의미였다고 해요. 그 세 가지가 연금술, 점성술, 마법입니다.

고대의 신들은 R&R(Role and Responsibilities)이 잘되어 있죠. R&R은 업무 분장 정도로 이해하시면 됩니다. 연금술사들이 섬겼던 신들은 지역과 시대에 따라 조금씩은 달랐지만, 공통적인 것은 대부분 그 신의 담당 직무 중 하나가 기술이라는 거예요.

고대 이집트나 로마 같은 경우만 해도 기술이 발달했습니다. 시오노 나나미의 『로마인 이야기』에 보면 로마가 영토를 확장하던 시절에 결정적인 역할을 했던 것이 '아피아 가도'입니다. 로마제국의 8만 5,000km나 되는 도로망의 시발점이 되는 곳이었는데요, 지금으로 치면 한국의 경부고속도로 같은 역할인 거죠. 로마에서 남쪽의 항구도시 브린디시까지 총 563km에 달하는 이 도로를 통해 전쟁 물자나 보급 물자를 빠르게 실어 나를 수 있었다고 해요. 놀라운 것은 이 도로가 만들어진 것이 기원전 312년이라는 점입니다. 지금으로부터 2,300여 년 전이죠. 더욱 놀라운 것은 이 아피아 가도와 당시 이 가도에 건설되었던 85개의 다리가 현재도 실용적으로 쓰이고 있다는 점입니다.

그만큼 고대 로마는 기술이 발달한 곳이었습니다. 피라미드를 건설하고 나일강 유역에 관계시설을 만들었던 이집트 역시 마찬가지죠. 중동 역시 수와 과학, 기술이 발달한 곳이었고요. 그러니까 연금술의 전파와 역사를 보면 기술의 발전 과정과 밀접한 관련을 맺고 있다는 걸 알 수 있습니다. 반면 고대 로마 이후 연금술의 암흑기였던 10세기 이전의 유럽은 기술보다는 신의 시스템만 존재하는 시대와 장소였죠.

과학계의 오스트랄로피테쿠스

과학과 기술은 으레 '과학 기술'이라고 붙여서 불러서 그렇지 둘은 다른 것입니다. 과학은 불과 500여 년 정도의 역사를 따져봐야 하지만, 기술은 인류가 역사를 가지기 시작한 순간부터 함께였습니다. 신석기 시대의 대표적인 유물 빗살무늬 토기도 결국 기술의 결과라고 할 수 있는 것처럼요. 기술을 중시하고 발전시켰던 문명들은 인류의 역사에 큰 획을 긋기도 했고요.

어떻게 생각하면 과학이라는 것이 떨어져 나오기 전까지 과학은 철학과 기술에 조금씩 스며들어 존재하는 것이었습니다. 만물의 조성 원리를 궁금해하면서 '4원소설' 같은 이론을 만들었던 그리스 이후로 과학은 철학보다는 기술에 조금 더 의지하게 되었죠. 기술을 대놓고 추앙하지 않은 때에도 과학 기술은 연금술이나 점성술 같은 이름으로 존재한 것입니다.

연금술을 연구한 사람들은 많았습니다. 그중에서도 과학과 밀접한 관련이 있는 대표적인 인물로 아이작 뉴턴을 꼽을 수 있습니다. 중력을 처음으로 이론화했고, 미분을 처음으로 미지에서 인식의 영역으로 가지고 온 사람입니다. (라이프니츠가 미분의 발명자라는 주장도 있어 논쟁의 여지가 있긴 합니다만.) 바로 이 뉴턴이 연금술을 연구했어요.

연금술은 그 목적이나 의의가 마술이나 신비주의처럼 느껴지지만 과정은 매우 과학적이고 기술적이었습니다. 연금술은 과학의 탄생에 지대한 영향을 주었죠. 화학 같은 경우, 연금술의 적자라고 할 수 있어요. 오늘날 화학을 뜻하는 영어 단어인 'chemistry'가 앞서 말한 연금술의 'alchemy'에서 유래된 것만 봐도 알 수 있습니다. 영국의 경험주의 철학자 프랜시스 베이컨은 연금술과 화학의 관계를 설명하며 이솝 우화를 예로 들어요.

죽음을 앞둔 어느 농부가 게으른 세 아들에게 포도밭에 보물을 숨겨놓았다고 유언을 남기자, 이 아들들이 보물을 찾기 위해 포도밭을 열심히 갈아엎어요. 하지만 보물은 없었고, 그 대신 이듬해 포도 농사가 풍년이 들어 세 아들은 보물 못지않은 풍요로움을 얻었다는 얘기죠.

금을 만들어내기 위해 다양한 물질들을 섞어보기도 하고, 그 과정에서 정확한 계량을 해야 하니 저울이나 측량이 발달하고, 금속을 녹여야 하니 적절하게 가열하는 방법, 식물이나 동물에서 물질들을 추출하는 방법 등 근대 화학의 모든 기초를 이 시기에 닦게 됩니다. 이런 방법론들은 다른 과학이나 기술의 발전에도 당연히 영향을 주게 되었고요. 연금술은 그래서 화학만의 시초라기보다는 과학의 오스트랄로피테쿠스라고 말할 수 있겠습니다.

몰래 숨겨놓은 인간의 비밀 코드

더욱 중요한 것은 연금술의 전제입니다. 금속을 다른 것으로 바꿀 수 있다는 생각은 원래부터 존재하고 있던 것이 다른 것으로 바뀔 수 있다는 변신, 변화의 전제를 가지고 있는 거잖아요. 타고난 것은 바꿀 수 없다는 전제하에 주어진 운명에 순종하고 사는 신의 질서(를 위장한 지배층의 질서)만이 존재하던 중세 사회에, 이런 생각은 체제에 균열을 내는 매우 불순한 생각일 수 있거든요.

그런 면에서 보면 연금술은 신의 의지만이 삼엄한 시대에 인간의 의지를 비밀 코드로 숨겨놓은 암호문이 아니었나 하는 생각이 듭니다. 이런 흐름이 있었기 때문에 신에서 인간으로 관심을 전환하는 르네상스 같은 문화 부흥 운동이 일어날 수 있었던 것이겠죠.

5. 판을 뒤엎는 자연의 역습

페스트

KF94 마스크였던 까마귀 마스크

디즈니가 시도한 애니메이션의 실사화 영화 중 〈미녀와 야수〉가 있습니다. 영화 〈해리 포터〉에서 헤르미온느 역을 맡았던 엠마 왓슨이 주연을 맡았죠. 엠마가 연기한 시골 처녀 벨은 어려서 어머니를 여의어서 아버지에 대한 사랑이 유독 강했다는 설정이었는데요, 벨의 어머니가 일찍 세상을 떠난 이유가 바로 전염병 페스트 때문이었습니다.

영화에는 벨이 어머니가 세상을 떠난 그때로 돌아가서 환상을 보는 장면이 나옵니다. 괴이하게 생긴 까마귀 가면을 쓴 사람이 병자 옆에 서 있는 장면이 꽤 으스스했습니다. 지금도 음산하거나 불길한 장면에서 종종 등장하는 까마귀 가면은 사실 의사들이 쓰는 KF94 마스크나 다름없었어요. 페스트 환자들과 접촉해야 하는 의사들이 쓰는 마스크라는 것은 당시엔 제일 성능이 좋은 것이었다는 뜻이 됩니다. 갖가지 허브나 약초를 가면에 넣고, 그것이 공기를 소독한다는, 나름대로 과학적 원리를 가지고 있었거든요.

마스크가 보편적으로 사용되던 시대가 아니니 이 마스크를 쓴 의사와 마주친다는 것은 곧 집안에 죽음의 그림자가 드리울 거라는 얘기와 마찬가지였습니다. 그러니 이 마스크가 으스스해 보이는 것은 기분 탓만은 아닌 거죠.

페스트로 인해 완벽하게 바뀐 세상

페스트는 역사에서 그 유행이 서너 번 정도 된다고 기록되어 있습니다. 정확하게는 세 번이지만 기원전 로마에서 유행한 전염병 역시 페스트로 추정되어 네 번이라고도 셈할 수 있습니다. 하지만 이 전염병은 페스트라고 추정되는 것이지 정확하게 페스트라고 확정된 것은 아니어서 공식적으로는 세 번입니다.

1차 유행은 541년경 이집트에서 시작해 이후 동로마 제국으로 전파되어 200여 년간 유행했던 유스티니아누스 역병을 말합니다. 가장 최악의 상황일 때 동로마 제국의 황제가 유스티니아누스 1세여서 이렇게 이름이 붙여진 것인데요, 이 역병은 세계를 제패하려고 했던 동로마 제국에 돌이킬 수 없는 타격을 입힌 팬데믹이었습니다. 결국 동로마 제국이 붕괴하는 시발점이 된 병이기 때문에, 만약 이때 페스트가 창궐하지 않았다면 지금의 세계는 다른 역사를 가지고 있을 가능성이 높죠.

2차 유행이 우리가 보통 페스트라고 하면 떠오르는 바로 그때입니다. 1346년 유럽 동부에서 시작되어 1353년까지 유럽을 휩쓸며 대규모의 사망자를 내었던 팬데믹을 말합니다. 유럽 인구의 1/3가량이 이 시기에 사망했습니다. 당시 전 세계 인구가 4억 5천만 명으로 추산되는데, 페스트로 인해 1세기 후엔 인구가 3억 5천만 명으로 줄어들었다고 하죠. 우리나라 역시 영향을 받아 고려의 충목왕이 1348년에 페스트로 사망했다고 하고, 전국적으로도 사망자가 수십만 명에 이르렀다고 합니다. 고려는 오밀조밀하게 사람이 모여 사는 도시들이 발달한 나라가 아니었기 때문에 유럽의 도시보다는 피해 규모가 작긴 했지만, 유럽에 비해서 작은 것이지 한 번에 수십만 명이 죽어나가는 피해가 결코 작다고 말하긴 어렵습니다.

3차는 1855년 청나라에서 발병해 1960년까지 105년간 이어진 아시아 역병입니다. 주로 중국과 인도가 큰 피해를 보았지만,

가끔 유럽에서도 발병되었다고 하죠. 이때 사망자는 1,500만 명 정도로 추정됩니다.

2차 페스트가 규모, 전염 지역 면에서 압도적입니다. 페스트를 소재로 한 작품 중 가장 유명한 알베르 카뮈의 『페스트』도 바로 이 시기를 모델로 했습니다. 하지만 2차 페스트가 유명하고 중요한 이유는 단순히 사망자의 수 때문만은 아닙니다. 1차 페스트가 동로마 제국을 몰락시키지 않았다면 역사가 어떻게 될지 모른다는 것은 가정에 불과하지만, 2차 페스트는 확실하게 역사의 흐름을 바꿔놓았고, 그것은 한 나라에만 그치는 게 아니었거든요. 그래서 페스트는 공룡을 멸종시킨 유성만큼이나 범지구적으로 큰 사건이 아니었나 싶습니다.

지금 우리는 페스트로 인해 바뀐 세상에 사는 겁니다. 인간의 인식, 그것에 따른 정치, 경제, 사회 모든 것이 바뀌었을뿐더러 과학이 등장하는 것까지 모두 이 사건이 하나의 계기가 되었다고 볼 수 있습니다.

두 가지 무용한 것에 대한 의심

페스트는 인간에게 두 가지의 무용한 것을 깨닫게 했습니다. '신'과 '신분'이죠. 아이러니한 것은 이 두 가지가 당시엔 가장 유용했다는 것입니다. 하지만 페스트로 인해 정치와 종교에 대한 의심이 조금씩 싹트기 시작했습니다. 물론 신과 신분에 있어 유리한 쪽이 아닌 불리한 쪽부터 말이죠. 의심의 싹은 하룻밤 새에 하늘까지 닿는 콩나무를 만들지는 못했어도, 신과 신분에 대한 절대적인 믿음에 약간의 균열을 내기 시작하거든요.

『페스트』에는 파늘루 신부가 나옵니다. 처음에는 페스트가 하느님의 벌이라고 생각하고, 사람들에게 회개하라고 설교하는 인물이죠. 하지만 죄라고는 지었을 것 같지 않은 어린아이들이 페스트로 죽는 것을 보면서 뭔가 잘못되었음을 느끼게 됩니다. 이와 거의 유사한 장면이 넷플릭스에서 방영되었던 연상호 감독의 드라마 〈지옥〉에서도 나옵니다. 갑자기 기이한 존재들이 나타나 언제 어디서 당신이 죽을 것이라는 '고지'라는 행위를 하는데, 고지를 받은 사람들은 실제로 그 기이한 존재들에게 폭력적인 방법으로 살해당합니다. 그러자 새진리회라는 사이비 종교 단체가 그것을 신의 심판으로 해석하여, 죄의 대가로 고지를 받는다고 사람들을 이해시킵니다.

하지만 고지는 죄의 유무와 관계없이 무작위로, 일정한 주기도 없이 누구에게나 찾아옵니다. 전염병처럼요. 새진리회가 사활을 걸고 막으려는 것이 갓 태어난 아기가 고지를 받고 심판받는 모습이었어요. 죄의 결과로 고지를 받아들인다면 율법과 규율이 잡힐 수 있는데, 고지 행위가 그저 확률적인 것이고 무작위라고 인식되는 순간, 사이비 종교는 무너지게 되거든요.

이런 은유가 괜히 나온 것은 아닙니다. 사이비는 아니지만 기존의 종교가, 특히 가톨릭이 이런 경험을 한 셈인 거죠. 페스트가 처음 유행할 때 종교계에서는 『페스트』의 파늘루 신부가 그랬듯이 신의 심판으로 해석했습니다. 페스트가 신의 노여움이라고 생각한 인간들은 자기 몸을 채찍으로 때리면서 순례를 하기도 했어요. 하지만 이런 고행이 페스트를 잡기는커녕 이들이 마을을 돌며 흩뿌린 피 때문에 페스트가 더 빨리 퍼졌다는 얘기도 있습니다.

사람들은 자기가 믿고 의지했던 신과 교황이 페스트에는 하등 도움이 되지 않는다는 것을 가족과 이웃을 잃고 난 뒤에 경험적으로 알게 되었죠. 그래서 페스트 이후 교황의 권위가 걷잡을 수 없이 떨어진 것입니다.

신분 역시 마찬가지입니다. 신의 형벌이라는 개념이 무너지니 자연스럽게 신의 은총도 무너졌습니다. 신이 사전에 정한 것들의 영속성이 희미해지는 거예요. 당시 중세를 떠받치고 있던 신분제의 근간이 바로 신이 사전에 정해놓은 질서라는 것이었거든요. 농노로 태어난 것은 억울할 수 있지만, 신의 질서이기 때문에 바꿀 수 없는 이 땅의 업보였던 거죠. 종교에서는 이런 사람들을 달래기 위해 하늘이 주신 자신의 신분과 직업에 충실하게 살면 사후에 천국이라는 보상이 있을 것이라고 말했습니다.

페스트로 인해 신의 계획이 의심받는 시기가 되니 신분제 역시 의심의 눈초리를 조금씩 받게 되었습니다. 실제로 귀족인 지주와 평민인 소작농들이 떠받치던 장원제가 무너지기도 했어요. 페스트가 유행하는 동안 유럽 인구의 1/3이 죽었기 때문에 노동력이 부족해졌거든요. 더구나 농사를 짓지 못해 땅은 그 어느 때보다 비옥한 상태였습니다. 농사를 짓기만 하면 풍년인데, 노동력의 부족으로 땅을 놀려야 하는 상황인 거죠. 노동력 우위 시장이 되자 노동자들은 자신이 일할 곳을 골라서 취업하게 됩니다. 4대 보험이나 복지를 따질 시대는 아니니 대부분 품삯을 많이 주는 곳으로 움직였고, 자연스럽게 기존 지주들에게만 집중되었던 부가 노동자들에게 조금씩 분배되기 시작했습니다.

또 하나, 페스트에서 살아남은 사람들은 다중 유산을 상속받게 됩니다. 그래서 갑자기 부자가 된 사람들이 여기저기서 등장해요. 나중에 '신분제를 타파할 민주주의'에 뒷돈을 대주는 자본가들의 씨앗이 이때 생기기 시작하는 거죠.

다시 인간으로: 르네상스와 과학

단지 이런 변화만으로 페스트가 범지구적인 큰 사건이라고 호들갑을 떠는 것은 아닙니다. 그보다 더 큰 두 가지를 언급해야 합니다. 르네상스와 과학입니다.

페스트가 지나고 신의 권위가 약해지자, 중세 시대까지 신에게 쏠려 있던 인류의 관심이 인간으로 전이되었죠. 기독교의 신이 장악한 시기가 아닌 사람이 다스리고, 심지어 신조차 무척 인간적이었던 그리스·로마 시대를 찾게 됩니다. 르네상스(Renaissance)는 re + naissance로 이루어진 말로, 재 + 탄생이라는 말이죠.

유럽의 미술관에 가보면 작품들이 대부분 시대 순서대로 전시된 것을 볼 수 있습니다. 그래서 앞쪽 전시관은 보통 나는 듯한 걸음으로 지나가게 되곤 하죠. 특히 관광객들은 대부분 다음 일정이 있어 미술관에서 머무르는 시간이 짧습니다. 그 넓은 미술관을 30분, 1시간 안에 다 봐야 하는 거죠. 이런 분들이 지나치는 앞쪽은 대부분 중세 시대 이전입니다. 중세 이전에는 그림을 그려도 반드시 성경 속의 이야기만 그려야 했습니다.

우리들이 알고 있는 그림들 역시 사실 성경이나 하느님의 이야기를 다루지만, 모델을 사람으로 했기 때문에 인간적인 묘사가 되어 있다든가, 그리스·로마 시대의 인간에 가까운 신을 다루는 식으로 된 그림들입니다.

르네상스 시대의 인문주의자로 알려진 마키아벨리는 고위공무원에서 하급 공무원으로 좌천되면서 허한 마음을 매일 저녁 의관을 정제하고, 그리스·로마 시대의 고전을 읽으며 달랬다고 하죠. 마키아벨리의 저작으로 잘 알려진 것은 『군주론』이지만, 마키아벨리가 정말 정성스럽게 쓴 책은 『로마사 논고』입니다.

르네상스는 인간을 바라보는 관점을 신의 입장에서 수직적으로 내려다보는 시선이 아닌, 신과 인간이 서로 수평적으로 마주 보는 시선으로 바꾸어 놓습니다. 그래서 자연현상을 신의 섭리로 해석하거나 사람의 병을 신의 뜻으로 간주하는 것은 어려워졌습니다. 신을 배제한 채 사람들이 이해할 만한 설명을 해야 하잖아요. 그것이 바로 과학이고 의학이 되는 것이죠.

또 하나, 현상을 과학적인 시선으로 보기 위해서는 아주 중요한 것이 있습니다. 과학 실험을 할 때 'Steady State'라는 것이 있어요. '정상상태'라고 번역하는데, 어떤 물리적 체계를 결정하는 변수가 시간에 따라 변하지 않고 꾸준히 일정한 값을 유지하는 상태를 의미합니다. 과학의 이론이나 실험 같은 경우는 이 정상상태를 가정해서 전개되고 행해집니다. 그러니까 어떤 물리 실험이 있었다고 한다면 그것은 한국이든 미국이든 어디서 행해지더라도 기본적으로 정상상태에서 이뤄져야 합니다.

과학 공식이나 법칙은 대상의 균질함이 전제입니다. 과학은 차별이나 차등의 근거를 주지 않습니다. 신분도 과학에서는 고려할 변수가 아닌 거죠. 페스트로 인해 사람들은 왕이든 사제든 귀족이든 평민이든 병에 걸린 사람은 똑같다는 것을 수많은 증거들을 통해 깨닫게 됩니다.

조금씩 세력을 확장하는 과학

페스트 이후 시대는 신에서 인간 쪽으로 조금씩 시선을 돌립니다. 종교에서는 처음엔 별일 아니라고 생각했지만, 사람들의 의심이 점점 움트고 있다는 걸 느꼈죠. 과학은 신의 섭리와 뜻으로 이해되었던 현상이나 사건들을 인간의 시선으로 설명하는 것이기 때문에 기본적인 접근부터 종교와는 합이 맞지 않았어요.

가톨릭이 과학을 본격적으로 탄압하기 시작한 것은 어느 정도 시간이 지나서부터입니다. 예를 들어 지동설을 정리했던 코페르니쿠스는 가톨릭교회의 탄압이 무서워 미루고 미루다가『천체의 회전에 관하여』라는 책을 냈다고 알려져 있지만 이는 사실과 다릅니다. 코페르니쿠스 때만 해도 가톨릭교회는 지동설을 교회의 권위에 도전하는 큰 위협으로 생각하지 않았어요. 코페르니쿠스는 교회보다는 학계의 눈치를 보다가 1543년에 이 책을 출간했다고 알려져 있어요. 이런 학설 때문에 가톨릭교회가 상처 입을 정도로 허술하지 않을 때였거든요. 오히려 코페르니쿠스의 시대에서 50~100년이 지나고 가톨릭교회의 힘이 조금씩 약해지자 그때 본격적으로 탄압합니다. 조르다노 브루노라는 수도자이자 철학자가 지동설을 주장하다가 화형당했거든요. 1600년의 일입니다. 그 이후 갈릴레오 갈릴레이의 종교 재판도 있었습니다.

이전에는 정치까지 장악한 가톨릭교회의 권위에 대항할 수 있는 것이 많지 않았어요. 그래서 가톨릭교회는 여유가 있었죠. 르네상스도, 지동설도 사실 교회가 직접적으로 탄압한 것은 아닙니다. 페스트 직후에도 교회는 굳건했죠. 다만 이런 사건들이 조금씩 쌓이다 보니 어느새 제방에 조그만 균열이 가고 있었는데, 교회는 이를 자각하지 못한 것이죠. 무엇보다 신을 대신할 만한 것이 없었기 때문에 교회 입장에서는 안심하고 있었을 거예요. 신의 대체제는 신밖에 없기 때문에 이슬람의 신 같은 경우, 종교 전쟁을 통해 확실히 눌러놓았잖아요.

그런데 이런 가톨릭교회의 방심을 틈타 사람들의 의식과 생활에 기준이 될 만한 새로운 흐름이 아주 조금씩 세력을 확장합니다. 과학이었죠.

가톨릭교회의 진짜 위협

초창기 과학은 과학자들의 신분이나 지위가 가톨릭교회와 교황을 위협할 수준이 아니었습니다. 그렇다면 중세를 지배했던 가톨릭교회에 진짜 위협이 되었던 것은 무엇일까요?

바로 인문학입니다. 예를 들어 마키아벨리의 『군주론』 같은 것들이죠. 마키아벨리는 실제 군주나 총리 같은 직책과는 관계가 멀었습니다. 굳이 따지자면 9급 공무원 같은 사람이었어요. 마키아벨리의 지위 역시 교황을 위협할 정도는 아니었지만, 그가 쓴 『군주론』이 문제였던 겁니다. 이 책에선 군주가 꼭 윤리적일 필요는 없다고 하며 정치의 '기술'을 이야기해요. 무슨 뜻이냐하면 정치와 윤리가 분리된다는 것이에요. 당시 사회적 윤리의 과제를 정했던 종교도 분리할 수 있다는 얘기로 연결되고요. 마키아벨리는 당시 피렌체의 지배자였던 메디치 가문에 잘 보이려고 『군주론』을 썼기 때문에, 메디치 가문의 사람이었던 교황 레오 10세의 눈치를 보지 않을 수 없었습니다. 당연히 종교에 관한 의견을 대놓고 표명할 수 없었죠.

이런 논의를 종교와의 분리에 대한 논리로 쓴 것은 그 이후 유럽 군주들입니다. 중세의 유럽은 종교가 지배하던 시기였기 때문에 각 나라의 왕도 교황의 공인을 받아야 정식으로 대관식을 치를 수 있었거든요. 정치보다 종교가 우선시되는 사회에서 교황의 권세는 그야말로 신 다음이었죠. 이런 권력 구도는 야심가인 왕들에게 마뜩잖은 일이 됩니다.

그러다 가톨릭교회의 면죄부 판매 같은 일들과 교회 개혁 운동도 일어나고, 『군주론』이라는 책도 등장하는 거죠. 몽테스키외의 『법의 정신』도 각 나라의 상황에 따라 적용해야 하는 법과 통치 방법이 다르다는 전제로 쓰였는데, 언제 어디서나 동일하게 적용되어야 하는 가톨릭의 율법과 아주 다릅니다. 유럽의 군주들은 이러한 인문학 논의를 바탕으로 종교, 정확하게는 교황의 간섭에서 벗어나려 합니다. 군주들은 이런 책들을 널리 알리려 했고, 가톨릭교회는 금서로 지정했던 것이죠.

그래서 과학은 처음엔 종교에 대적하는 위치에 있었다기보다 종교가 빠진 자리를 채워주는 역할을 했습니다. 가톨릭교회가 과학의 논의에 대해 여유를 가지고 수용했던 이유이기도 하죠. 하지만 이후 종교의 힘이 점차 약해지며 과학이 그 자리를 채우려고 하자, 가톨릭교회와의 불편한 관계가 시작된 것입니다.

6. 절대 손해 보지 않는 투자

대항해 시대와 기술

귀족을 놀라게 할 비장의 카드

"아버지, 저는 참석하지 않을래요."

시하니우스 백작의 딸 한린느는 아버지에게 용기를 내 의사를 밝혔다.

"네가 참석하고 싶지 않은 마음은 알겠지만, 이번 파티는 사교계에서도 중요한 시기에 열리는 것이니 반드시 참석해야 한단다."

"그래도 만날 우리 가문이 정통성이 없다면서 은근슬쩍 무시하는 눈빛과 태도를 보이는 사람들을 만나는 게 너무 싫어요."

물론 시하니우스 백작도 그런 시선을 너무 잘 알고 있다. 그의 딸보다 시하니우스 백작에게 더욱더 노골적으로 구니까 말이다.

"걱정하지 마라. 이번 파티를 통해 그동안 나를 무시하던 귀족들의 코를 납작하게 눌러줄 비장의 카드를 준비했으니까."

"비장의 카드라고요? 그게 가능해요?"

"그럼. 이번 파티를 위해 1년 전부터 준비한 게 있지. 열흘 뒤에 인도에서 배가 한 척 들어올 건데, 그 안에 가득 실려 있는 그거면 귀족들을 깜짝 놀라게 하기에 충분하지."

"인도라면… 혹시 그것 말씀이세요?"

"그래, 맞아. 네가 생각한 바로 그것이다. 그것을 식탁마다 한 통씩 다 깔아놓을 거야."

"그거라면 진짜 럭셔리의 끝판왕이네요. 좋아요. 이번 파티에 꼭 참석해서 그동안 나를 놀렸던 친구들이 코가 납작해지는 모습을 꼭 보고 싶네요."

후추 통이 식탁마다 올라가 있는 이유

예전에는 돈가스나 햄버그스테이크를 파는 음식점을 경양식 집이라고 불렀죠. 경양식 음식점의 주력 메뉴는 돈가스였습니다.

돈가스만 나오는 게 아니라 마카로니, 샐러드, 양이 묘하게 적어 더 먹고 싶어지는 수프와 밥이 어우러져 추억의 맛을 생각나게 합니다.

경양식이라는 말은 간단한 양식이라는 뜻입니다. 그러니까 서양식 분식 정도로 생각하면 될 것 같아요. 이 경양식집에 가면 식탁에 꼭 올라가 있는 양념 통이 있죠. 소금과 후추입니다.

피자 가게의 타바스코소스는 피자에 뿌려 먹는 사람이 많기 때문에 식탁 위에 있는 게 납득되지만, 후추는 수프에 몇 번 뿌리는 것 말고는 거의 쓰이지 않는 것 같은데, 굳이 이렇게 식탁 위에 올려놓을 필요가 있을까요?

시하니우스 백작이 파티에 내놓으려고 한 것이 바로 후추였습니다. 후추의 원산지는 인도입니다. 유럽은 중세 이전부터 후추를 수입했는데 수요에 비하면 공급은 새 발의 피였습니다. 새 발의 피는 영어로 'A drop in the ocean'이라고 하는데요, 바다에 떨어진 물 한 방울이죠. 후추는 그만큼 매우 귀한 물건이었습니다. 알렉산드로스가 세계를 제패했을 때 받은 공물 중에는 금, 보석뿐만 아니라 후추 같은 양념이 있었을 정도입니다.

중세 시대 십자군 전쟁 이후 동방에서 들고 온 후추에 대한 레시피가 보급되면서 유럽은 후추를 본격적으로 쓰기 시작합니다. 오죽하면 음료에도 후추를 쓸 정도였어요. 후추를 넣은 음료라니 마치 고추장에이드 같아서 먹기 힘들 것 같지만, 이 음료가 전해지고 전해져 지금도 겨울이면 마니아들의 주목을 받기도 합니다. 프랜차이즈 커피숍에서도 겨울 한정 메뉴로 판매하는 뱅쇼가 그것이죠. 와인에 과일을 넣고 후추나 시나몬 같은 향신료를 첨가하여 끓인 음료 말입니다.

후추가 귀한 만큼 귀족들은 파티를 열 때 후추를 얼마나 내놓는지를 기준으로 자신의 부를 과시했습니다. 일명 '찐 부자'들은 요리에 후추를 듬뿍 넣는 것을 넘어서 식탁마다 그 귀한 후추를 올려놓음으로써 자신이 진정한 부자임을 알렸죠. 그러한 전통이 서양에 계속 남아 지금도 식탁 위에 항상 후추 통을 올려놓게 된 것입니다.

콜럼버스가 인도로 가려고 했던 이유

후추의 원산지는 인도라서 서양에서는 전량을 수입에 의존하고 있었어요. 그런데 문제가 있었습니다. 인도와 무역을 하기엔 이슬람 세력들의 존재가 너무 컸던 거죠. 서양이 동방으로 진출하는 길목에 이슬람 왕국들이 있었거든요. 아이유브 왕조나 맘루크 왕조, 이후에는 오스만 제국이 들어서게 되는데요, 유럽 전체가 모여서 만든 연합군인 십자군이 원정을 떠나 싸우는 대상이 이런 이슬람 왕국이었어요. 군사적으로 강력한 나라들이었다는 것이죠. 그래서 서양에서 후추를 직접 교역하는 것은 쉽지 않았던 겁니다.

게다가 이슬람 상인들은 후추 무역을 통해 막대한 이득을 거두고 있었고 이런 경제적 뒷받침이 이슬람 왕국들이 부흥했던 이유였으니, 이슬람 왕들은 후추에 대한 교역권을 절대적으로 사수했어요. 이슬람 상인들은 베네치아 같은 일부 지역의 상인들하고만 거래했습니다. 그래서 이탈리아 베네치아는 중세에 무역으로 이름을 날린 곳이 되었죠. 동양에서는 오래전부터 존재했던 면 요리가 당시 서양에서는 거의 없었습니다. 거의 유일하게 이탈리아에 스파게티라는 이름으로 면 요리가 존재했는데, 이탈리아 자체 기원설과 이슬람을 통해 들어왔다는 두 가지 설이 있어요. 후자의 경우, 베네치아가 그 시대에 몇 안 되는 동방과의 교역로였다는 것이 일종의 증거가 되기도 하죠.

이탈리아처럼 교역로를 확보한 나라들과 달리 후추 무역을 할 수 없어 2등으로 밀려난 국가의 입장에서는 배가 아픈 상황일 수밖에 없었습니다. 리테일 면에서 보자면 후추의 원산지인 인도에 이르기까지는 이슬람 상인, 그리고 베네치아 상인이라는 유통 과정을 거쳐야 하므로 수입해도 이익을 남기기 힘든 구조였어요. 결국 이런 국가들은 후추의 교역로를 확보하기 위해서 다른 방법을 씁니다. 새로운 항로 개척이었어요. 인도에서 지금의 이스탄불을 지나 바다를 건너 베네치아로 들어오는 기존의 교역로는 대부분 육로로 이루어져 있었는데요, 이들 국가들은 이를 넘어 이슬람 세력을 피해 아프리카 대륙을 빙 돌아 해로로 인도에 직접 다다르겠다는 야심 찬 계획을 세우기 시작합니다. 이슬람 왕국들은 자신들의 주 수입원인 동방 교역권을 사수하려고 육로를 절대 내어주지 않았거든요.

콜럼버스가 왜 그렇게 인도에 가고 싶어 했는지 아시겠지요? 오죽하면 새로 다다른 신대륙이 인도라고 믿고, 거기 사는 사람들을 인도 사람들이라는 뜻의 인디언이라고 불렀겠어요. 이런 시도를 한 나라의 대표 주자는 유럽의 끝에 있어 이슬람과의 직교역에서 밀려난 포르투갈과 스페인입니다.

이 나라들은 항해 기술을 개발하고, 그 기술을 활용해 모험에 나서는 사람들에게 전폭적으로 지원했어요. 이것이 바로 왕들이 과학 기술에 대대적으로 지원한 역사상 거의 첫 번째 사례입니다. 그전에 왕들이 기술에 지원한 일은 전쟁 무기를 개발하는 정도였어요. 그런데 이때는 항해 기술이 국부를 좌우할 수 있다는 생각에 기술 개발에 국가의 미래를 걸었던 거죠.

긴 항해를 견딜 수 있는 선박, 항해를 할 수 있게 만드는 여러 가지 기계들이 발명되고 발전하면서 국가적인 기술 지원의 결과가 드러나기 시작합니다. 그 기계와 기술이 합해져서 스페인, 포르투갈 사람들은 인도와의 직교역에 성공하고, 드디어 마음 놓고 후추를 먹게 됩니다.

대항해 시대의 시작

이들이 가져간 이득은 후추만이 아니었습니다. 아메리카 대륙을 발견한 콜럼버스처럼 인도가 아닌 엉뚱한 곳에 도착해서, 이왕 간 김에 자신들을 후원해 주는 나라의 깃발을 꽂아놓고 오는 일이 빈번하게 생겼어요. 새롭게 도착한 나라에서 원주민들을 구슬려 값싼 원재료들을 가지고 돌아올 수 있다는 것을 알게 된 거죠. 이제는 과학 기술을 후원하는 것이 국가만이 아니게 되었습니다. 상인들이 기술과 항해에 돈을 대기 시작합니다.

오늘날 AI처럼 새로운 기술이 나오면 국가가 국정 과제로 선정하여 지원하고, 그 기술들을 활용한 시제품을 사기업들이 개발하면서 수출하는 구조와 비슷하죠. 물론 대기업은 국가의 지원을 기다리지 않고 자체적으로 기술을 개발하기도 하지만요.

기술 개발에 돈이 몰리자, 그 열매가 나오기 시작해요. 발달한 선박, 항해 도구, 항해 기술들은 스페인의 무적함대를 만들었죠. 1589년 벌어진 영국과의 해전에서 영국군은 40척의 배가 격침되었는데, 스페인 해군은 단 한 척의 배도 잃지 않았을 정도입니다.

무적함대의 목적은 세계적으로 무역을 하는 자국 상인의 보호를 빙자한 세계 무역 시장의 장악이었죠. 유럽 입장에서는 신대륙, 신세계를 무력으로 정복하고 무엇보다 그 신세계를 뒤늦게 노리는 다른 나라들을 견제하기 위해 강력한 해군이 필요했던 것입니다. 바다를 통한 무역이 보편화되자 육로 무역으로 막대한 부를 취하던 이슬람 세력이 몰락하게 됩니다. 이로써 세계는 바다를 장악한 나라가 패권과 경제적 이득을 취하는 시기로 바뀝니다.

우리는 그 시기를 '대항해 시대(Age of discovery)'라고 부릅니다. 엄밀히 말하면 대발견의 시대라고 해야 하는 것이 맞습니다. 항해는 과정이고 목적은 발견이니까요. 그러니까 결국 이 시기에는 새로운 땅을 많이 발견한 나라가 이득을 취했습니다. 항해 기술에 투자해서 이 시기를 주도한 나라가 스페인과 포르투갈이죠. 남미의 대부분 나라들이 스페인어와 포르투갈어를 쓰는 이유이기도 합니다. 스페인과 포르투갈은 약간의 무력과 전염병으로 원주민을 말살하고 개별 국가들의 이득을 취하는 데 혈안이 되었던 대항해 시대의 주도자들이었거든요.

기술의 러닝메이트가 된 과학

대항해 시대엔 선박을 만드는 데 필요한 중공업 제조 같은 기술적인 발전만 이뤄졌던 것이 아닙니다. 항해할 때 반드시 알아야 하는 지리적 연구, 천문에 대한 연구 등을 발전시킬 수밖에 없었어요. 기술의 발전에 과학이 러닝메이트로 따라붙게 된 거죠.

오늘날에는 전투기나 항공기 혹은 우주선처럼 기계 개발에 다양한 기술이 선진적으로 개발되고, 그 이후에 기술이 상용화되어서 민간에 보급되잖아요. 그래서 침대 매트리스에도 '미국 항공 우주국 기술 인증 마크' 같은 광고 문구가 붙기도 하죠. 생각해 보면 우주 비행에는 우주선뿐만 아니라, 우주 비행사들이 수면하고 휴식하고 생활하는 모든 것들에 기술이 들어가는 것이니까요.

마찬가지로 대항해 시대에 항해에는 당시 첨단 기술들이 모두 집약되었던 것입니다. 그런 기술을 개발하기 위해서는 과학도 같이 발달할 수밖에 없고요. 이때부터 각국의 왕들은 과학 기술에 투자하는 것이 결코 손해 보는 장사가 아니라는 것을 알게 되었다고 해도 과언이 아닙니다.

7. 인터넷 혁명보다 더 '핫'했던
정보화 혁명

구텐베르크의 인쇄술

007의 업무 변화

오늘날 슈퍼히어로들은 하늘을 날고, 벽을 타고 오르며, 빛보다 빠릅니다. 개중에는 외계인도 있습니다. 자기 행성을 두고 왜 굳이 지구를 지키는지, 그것도 뉴욕만 열심히 지키는지 모르겠지만, 어쨌든 진심으로 지구를 지켜서 대규모 전투를 벌이곤 하죠.

그런데 20~30년 전만 해도 영화의 히어로들은 스파이였습니다. 그중에서도 007이 가장 유명하죠. 007은 시리즈를 거듭하면서 25편까지 제작되었고, 여전히 끝낼 계획이 없는, 성공한 영화 프랜차이즈입니다. 그런데 30년 전의 007과 지금의 007에는 차이가 있어요. 지금의 007은 뉴욕에서 활약하는 슈퍼히어로들을 닮았죠. 빗발치는 총알도 전혀 맞지 않고, 자신이 쏜 한 발은 한꺼번에 두 명의 적을 쓰러뜨리기도 합니다. 낙하산 없이 비행기에서 뛰어내리거나 사막 한가운데 떨어뜨려 놓아도 절대 죽지 않아요. 그런데 30년 전의 007은 지금과는 달랐어요. 일단 주 업무에 차이가 있습니다. 지금의 007은 주로 전투지만, 30년 전의 007은 진짜 스파이였거든요. 적국의 정보를 빼내는 것입니다. 그 가운데 잠입, 변장, 절도, 심지어 살인도 하지만 지금처럼 슈퍼맨 같지는 않았죠.

그 007이 활약하던 시대는 냉전 시대입니다. 전 세계가 사회주의와 민주주의의 양대 체제로 갈라진 상태였고, 이 두 체제 사이의 교류와 접촉은 절대적으로 금지된 때였어요. 우리나라 화가 중 비디오 아트의 선구자인 백남준 이전에 이응노라는 세계적으로 이름을 알린 화가가 있었어요. 이응노는 6·25전쟁 때 납북된 아들을 볼 수 있다는 말을 믿고 동베를린에 갔다가, 아들은 보지 못한 채 실망해서 다시 파리로 돌아왔거든요. 이 한 번의 접촉으로 그는 간첩단 사건에 연루되어서 체포되고 무기징역을 선고받습니다. 다시 이어진 재판에서 3년 형으로 줄고, 세계적인 예술가들의 탄원으로 1년 8개월 만에 석방되지만 그는 파리로 갑니다. 그의 작품도 한국 땅에서는 볼 수 없게 금지되었던 시기였죠. 공산 국가와 있었던 한 번의 접촉 때문에 한국은 세계적인 예술가의 존재를 자랑스러워할 기회를 잠시나마 잃었던 셈입니다.

지구가 두 가지 사상으로 갈라져 대치하던 시대에 상대방과의 접촉 한 번이 이런 파장을 일으켰으니, 항시적인 교류와 협력은 꿈도 못 꿨죠. 그런데 서로를 적국으로 인식했기 때문에 상대방에 대한 정보는 늘 필요했습니다. 그래서 상대 국가에 잠입해서 정보를 빼내는 스파이는 그야말로 금지된 정보에 접근할 수 있는 아주 신비하고도 위험한 직업이었던 것입니다.

문자로 전해지는 정보의 위력

역사를 봐도 결국 결정적인 정보를 가진 나라가 승리하게 됩니다. 적국이 어디로 침입할 것이며 어떤 방책으로 수비할 것인가 같은 정보를 사전에 알고 있으면 그에 대비할 수 있으니 당연한 결과죠.

1532년 잉카제국의 황제가 된 아타우알파는 스페인에서 온 168명의 이방인에게 알현을 허락했습니다. 자신이 직접적으로 부리는 군사만 7만 명이다 보니 전혀 위협의 대상으로 느끼지 않은 거죠. 이 168명의 무리를 이끌던 대장이 피사로였는데, 썩

좋은 인간은 아니었어요. 막상 아타우알파를 눈앞에서 보자, 기회라고 생각해서 잉카군을 급습해 황제를 사로잡습니다. 신의고 예의고 없는 인간이었죠. 그를 따르던 무리 역시 마찬가지였습니다. 아타우알파를 볼모로 잡고 수많은 보석을 상납받은 뒤, 결국 아타우알파를 죽입니다. 극소수의 스페인 군대가 잉카제국을 무너뜨릴 수 있었던 것은 천연두 때문이라고 알려졌지만, 이렇게 직접적인 군사적 충돌도 있었습니다. 물론 일방적인 스페인 군사들의 도륙전이었지만요.

재레드 다이아몬드는 『총, 균, 쇠』에서 이러한 결과에 이른 원인을 문자에서 찾습니다. 아타우알파는 전투가 시작되기 전 스페인과 그들의 군사력, 그리고 그들의 의도에 대한 정보를 전혀 갖지 못했습니다. 스페인은 이미 중앙아메리카에서 정복 전쟁을 벌이고 있었지만 아타우알파는 그러한 사실에 대해 몰랐고, 자신의 몸값만 지불하면 그들이 순순히 돌아갈 것이라는 순진한 믿음을 가지고 있었어요. 만약 다른 부족들의 정보를 알았다면 스페인 사람들의 목적은 화평이나 돈이 아닌 정복이라는 것을 미리 알 수 있었을 것이고, 그렇다면 함정에 빠지는 일도 없었을 겁니다.

반면 스페인 사람들은 문자로 정보를 교환할 수 있었습니다. 선조들의 지혜나 전략, 전술도 문자의 형태로 이어올 수 있었기 때문에 잉카족보다는 훨씬 다양한 정보를 활용해 전투를 벌일

수 있었던 거죠. 문자와 그로 인해 전달되는 정보는 경험의 깊이
를 더해줄 수 있었던 겁니다.

지배층 권력 유지의 비밀

과거 계급 사회에서 신분제는 상당히 불합리한 제도였음에
도 불구하고, 오랜 시간 공고하게 유지되었습니다. 그렇게 할 수
있었던 여러 제도적 장치가 있는데 대표적인 것이 바로 글자입
니다. 국민 대부분이 글을 읽지 못했어요. 글을 읽을 필요가 없었
기 때문이에요. 그 시대에는 종이가 귀한 물건이었고, 그 종이에
글자를 쓰기 위해서는 전부 필사해야 하는 상황이다 보니 책은
귀중품 중의 귀중품이었습니다. 10세기 무렵 이스탄불에서 거래
된 성경 한 권의 가격이 집 4채에 해당한다는 기록이 있을 정도
입니다. 현재 서울의 집값으로 생각하자면 성경 한 권이 40~60
억 정도인 셈이에요. (비교해 보니 이건 책값이 너무 비싸다는 것보다 서
울의 집값이 너무 비싸다는 얘기가 되기도 하네요.)

이렇게 귀중한 사치품이 보통 사람들의 집에 있을 수가 없었
죠. 조그만 마을에서는 교회에나 성경이 한 권 있을까 말까였을
테고 책은 찾아보기도 어려웠을 겁니다. 움베르토 에코의 『장미
의 이름』에서도 수도원에서 수도사가 하는 주 업무 중 하나가 도

서 관리라고 나오죠.

대중이 글자를 읽지 못하니, 글자를 읽는다는 것은 평민들이 보기에는 마법처럼 느껴지기까지 하는 일이었습니다. 전래동화 중에 마음에 안 드는 하인을 죽이기 위해, 자신이 직접 죽이면 평판이 나빠지니 하인에게 편지 심부름을 보내서 그 편지를 받는 친구에게 편지를 전달한 하인을 죽이라고 했다는 이야기가 있죠. 다행히 하인이 길을 가다가 선행을 했고, 그 덕을 본 사람이 은혜를 갚는 차원에서 편지를 읽어 위험을 알려준 후, '이 하인에게 보물을 내주라'는 편지로 바꿔줬다는 그런 아름다운 결말이지만요.

글자를 읽을 줄 모르는 하인의 입장에서는 자신의 사형 집행 명령을 직접 전달하고 있었던 것입니다. 글자를 아는 사람이 지배층 외에는 거의 없던 시대였기 때문에 주인의 친구는 단순히 글자로 접한 정보만 가지고도 신뢰하고 보물을 내주기도 했고요. 상류층의 비밀 코드가 바로 글자였던 것입니다.

글자를 모르면 책을 읽을 수 없기 때문에 정보는 자신의 경험 폭 안으로 수렴될 수밖에 없습니다. 하지만 글자를 알면 선조들의 지식과 경험을 책이라는 형태로 습득할 수 있기 때문에 정보의 범위가 무한대로 발산될 수 있습니다. 지배층이 계속 지배층일 수 있었던 것은 정보량의 차이를 계속 유지할 수 있는 책의 존재 때문이었습니다.

인쇄 기계의 등장과 도서 할인

기술이 발달하여 예전에 비해 종이를 비교적 저렴한 가격에 만들 수 있게 되었다고 해도, 필사로 책을 만드는 방식은 여전히 비싼 대가를 치러야 했기에 책은 대중들과는 유리되어 있었습니다. 정보는 여전히 지배층의 것이었습니다. 그런데 역사상 가장 중요한 발명품이 등장합니다. 바로 구텐베르크의 인쇄 기계죠. 독일 마인츠 출신의 인쇄업자인 구텐베르크의 집안은 원래 화폐 주조와 야금업에 종사했습니다. 구텐베르크는 금속을 다루는 집안의 기술을 발전시켜 금속활자를 활용한 인쇄 기계를 만들어낸 것이죠.

구텐베르크가 처음 인쇄한 책은 『문법학』이라는 라틴어 교재였습니다. 그런데 그 후에 교회에서 면죄부를 인쇄해 달라는 주문이 들어옵니다. 면죄부는 중세 가톨릭교회가 만든 공식적인 '사기템'이라고 할 수 있는데, 돈을 내고 죄 사함을 받았다는 증서를 사게 만드는 거죠. 게다가 면죄부에는 유통기한이 있어서 주기적으로 사야 했습니다. 가격에 따라 1주일, 1개월, 3개월, 1년 등 다양한 면죄부 종류가 있었다고 하죠.

결국 종이 한 장을 큰돈 주고 사는 셈이니까 그 종이는 나름 그럴듯하게 보여야 했는데요, 구텐베르크가 만든 인쇄 기계의 인쇄 품질이 훌륭하다 보니, 주문이 밀려들게 됩니다. 교회와 관련된 물품이 돈이 된다는 것을 깨달은 구텐베르크는 그다음 행보로 더 비싸고 더 범용적인 교회 물품을 만들기로 해요. 바로 성경입니다. 한 페이지에 42행씩 인쇄되어 있어서 『구텐베르크 42행 성경』이라고도 불리는 이 성경은 초판으로 180부가량 인쇄되었다고 합니다.

중요한 것은 값이었는데, 당시 성경 가격의 20~30% 정도로 상대적으로 저렴했어요. (물론 그 가격도 엄청난 금액이긴 하지만 아무래도 책은 여전히 사치품이었으니까요.) 이 가격 혁명은 책의 보급에 결정적인 역할을 해요. 구텐베르크의 인쇄 기계가 나오기 전까지 유럽에서 필사를 통해 나온 책은 대략 10만여 권입니다. 그런데 구텐베르크의 인쇄 기계 이후 인쇄소는 40년 동안 240곳 정도로 늘어났고, 이 인쇄소에서 생산한 책은 1,500~2,000만 권으로 추산되고 있습니다. 2000여 년 동안 생산된 책의 150~200배가 50년 사이에 쏟아진 거예요.

한 달 만에 스타가 된 인플루언서

이것은 단순히 '책이 저렴해졌다'는 수준이 아닙니다. 정보가 대중에게 공유되기 시작했다는 얘기거든요. 1400년대 유럽의 인구는 대략 6,000만 명 정도로 알려져 있어요. 그런데 50년 동안 인쇄된 책이 2,000만 권인 거죠. 그 이후 책의 보급 속도는 더욱 빨라졌고요. 대중은 이전 시대에 비해 책을 비교적 쉽게 접하게 되면서 글자를 알아야 할 필요를 느꼈습니다. 그렇게 문맹에서 벗어난 대중은 더욱 양질의 정보들을 공유하기 시작합니다. 정보를 독점해서 권위를 지키고 권력을 유지하던 기득권층은 심각한 위협을 느낄 수밖에 없게 되죠.

상징적인 사건이 하나 있습니다. 인쇄 기술은 성경을 만들고, 면죄부를 찍는 등 얼핏 가톨릭교회에 유리하게 쓰인 것 같지만, 종교 개혁의 시발점이 된 마르틴 루터의 〈95개조 반박문〉 역시 인쇄술을 통해 유럽 전역에 퍼졌습니다. 당시 독일의 대주교였던 알브레히트 폰 브란덴부르크는 대주교가 되기 위해서 쓴 자기 돈을 되찾기 위해, 교황 레오 10세와 수입을 반반씩 나누기로 합의하고 독일에서 대대적인 면죄부 장사를 벌입니다. 이에 대해 강력하게 반발한 인물이 당시 무명이었던 수사 루터예요. 그는 1517년 10월의 마지막 날에 비텐베르크대학교의 교회 정면에 95개조에 이르는 반박문을 걸어 가톨릭교회를 비판합니다.

이렇게 말하면 굉장히 거창한 일을 한 것 같지만 지금으로 따지면, 학교의 결정에 분노한 대학생이 중앙도서관 앞에 대자보를 써 붙인 것과 비슷합니다. 수위 아저씨가 대자보를 뜯어버리면 끝날 일인데, 가톨릭교회에 불만을 가진 대중들의 분노는 생각보다 심각했던 것 같아요. 이 반박문이 구텐베르크의 인쇄 기계를 통해서 빠르게 인쇄된 뒤에 독일 전역으로 퍼져나가는 데 걸린 시간이 2주거든요. 더 나아가 유럽 전역으로 퍼지는 데 걸린 시간은 한 달입니다. 루터는 한 달 사이에 무명의 수사에서 종교 개혁의 기수로 떠올랐어요. 유튜브로 순식간에 스타가 될 수 있는 오늘날에도 따라잡기 힘든 속도였죠.

만약 구텐베르크의 인쇄 기계가 없었다면 루터의 반박문이 단기간에 유럽 전역에 퍼질 수 없었을 것입니다. 이것이야말로 대중들이 정보를 공유하게 되어서 일어난 변화를 잘 보여줍니다. 서양을 지배했던 가톨릭교회에 처음으로 제대로 된 반기를 들 수 있었던 것은 인쇄 기계가 만들어낸 정보화 혁명 때문이었다는 것이죠.

과학 기술 연구에 돈을 대기 시작한 중간계급

인쇄술로 인한 책의 대량생산이 가능해진 덕분에 생긴 또 하나의 변화는 정보의 표준화예요. 필사는 글을 옮겨 적은 사람에 의해 가감되는 경우가 많았거든요. 성경이라 해도 필사본이라면, 옮겨 적는 사람에 의해 왜곡되는 경우가 비일비재했어요. 그래서 읽는 사람도 그런 경향을 감안해서 읽었고, 정보를 객관적이기보다는 주관적으로 받아들인 것도 사실입니다.

그런데 금속활자로 만들어진 인쇄기로는 몇백 권, 몇천 권씩 인쇄되니, 원본이 통일될 필요가 생겼죠. 정보가 표준화되고 객관화되기 시작한 거예요. 필사되어 판본마다 조금씩 달랐던 성경이 공식적으로 통일된 원본이 만들어진 것도 이때부터입니다.

이제 지식은 본격적으로 대중들에게 공유될 준비를 마친 거죠. 과학이나 기술의 지식이 이 무렵 이후부터 본격적으로 발전한 것은 결코 우연이 아니겠죠. 코페르니쿠스의 책이나, 갈릴레이의 책, 다윈의 책이 사람들에게 알려지고 공유되어야 그에 대해 공감이든 논의든 비평이든 일어날 수 있으니까요.

다만 그 후로도 몇백 년 동안 책은 여전히 대중들이 쉽게 살 수 있는 물건이 아니었어요. 17세기 세르반테스의 소설 『돈키호테』에서 물려받은 재산이 꽤 있던 돈키호테가 집안을 거덜 내는 이유가 기사 소설들을 사 모아서였거든요. 수집에 올인한 책 덕후인 건데, 그렇게 모은 책이 100권 정도입니다. 100권의 책에 한 집안이 파산까지 하는 비용이 들었던 거예요. 몇십 년 전까지만 해도 한국이나 외국 모두 중고책 서점이 장사가 잘되었던 이유는 책이 꽤 비싸서였던 거죠. 지금은 책의 단가가 전체 생활비에 비하면 그렇게 높은 것은 아니어서 치킨 한 마리 먹을 값으로 책 한 권을 살 정도가 되었지만요. 이제는 가격이 아닌 다른 이유로 책을 사지 않는 시대가 되었습니다. 사도 읽지 않죠.

지식은 서서히 상류층의 전유물에서 중간계급까지 내려왔어요. 중간계급은 실제 신분제의 계급이라기보다 기술자, 학자, 법률가, 상인 같은 사람들입니다. 기술의 발달로 상품들이 다양하게 등장하고, 그것들을 유통해서 파는 과정에서 부를 축적한 이들이죠. 책을 사는 데 예전처럼 특권까지는 필요 없지만 그래도 돈은 꽤 드는 편이었으니까요.

이 부르주아들은 자신들의 부를 가능하게 해주는 과학과 기술, 그리고 장사에 관대했습니다. 각 지역의 지주였던 귀족들의 시대가 농업의 시대였다면, 중간계급이 득세하는 시대는 상공업의 시대입니다. 부르주아들은 과학 기술 발전에 돈을 댔고, 나중에는 이들이 프랑스 대혁명의 후원자가 되기도 했습니다. 신분제를 타파하는 데 뒷배가 되는 겁니다.

제 3 장

인간,
신을 배반하다

...a Man who Wants to be a Goat

8. 마지막 중세인이자
최초의 근대인

르네 데카르트 『방법서설』

존재를 숨겨야 했던 자들

"나한테만 말해봐. 분명 거기 회원 맞지?"

"아니라니까. 나는 그 단체에 있지도 않고, 그 단체 사람들을 만난 적도 없어."

장발에 날카로운 눈매를 가진 남자가 계속 묻고, 매부리코에 엉덩이 턱을 가진 남자는 친구의 질문에 계속 아니라고 대답을 한 지도 10분째.

"그런데 네가 하는 행동이나 말들이 너무 그 단체 사람들 같잖아."

"큰일 날 소리. 누가 들으면 진짜인 줄 알겠네. 그런 얘기 잘못하면 큰일 나는 거 알지?"

매부리코 남자는 정말 누군가를 경계하는 듯 주위를 두리번거리면서 거세게 부정했다.

"자네가 그렇게까지 부정하니 아니라고 믿겠네만, 지금처럼 소문이 퍼져나간다면 조만간 사달이 날 수도 있겠어."

"나도 그게 걱정이야. 내가 그 단체 회원이든 아니든 그 여부조차 중요한 게 아니게 될까 봐 근심이 이만저만이 아니네."

"그럼 이렇게만 있지 말고 뭔가 부정할 방법을 찾아봐야 하는 거 아닌가?"

"애매해. 의심만 할 뿐인 상태에서 내가 먼저 그 단체의 회원이 아니라고 발표라도 해버리면, 오히려 대중에게는 화젯거리를 주고 그 단체와 연관되는 빌미를 주게 되니 말이야."

"하긴 아는 사람이나 알지 모르는 사람들에게는 그런 이야깃거리를 통해 알려지겠네."

"그래서 이번에 책을 발표할 때 은근슬쩍 그 단체와는 아무런 관계가 없다는 것을 강조해 볼까 생각하고 있어."

"잘되길 바라네. 그런데 혹시 나중에라도 자네가 진짜 그 단체 회원이었다는 게 밝혀지면 나는 좀 섭섭해할 거야."

그렇게까지 세차게 부정했는데도 친구는 매부리코 남자의 말을 믿지 않는 게 분명했다.

로젠크로이츠회의 등장

장발에 날카로운 눈매의 남자는 가상 인물이지만, 매부리코 남자는 실존 인물이며 아주 유명합니다. 초상화를 보면 영화배우 숀 코너리를 닮은 것 같은데 매부리코에 무엇보다 특징적인 엉덩이 턱을 가지고 있죠. 바로 근대 시대를 연 철학자 르네 데카르트입니다. 그런데 도대체 어떤 단체이길래 친구조차도 의심의 눈초리를 거두지 않는 걸까요? 데카르트는 학문에 뜻을 두기 시작한 이후로 몇십 년간 '로젠크로이츠'의 회원으로 의심받아요. 이후 '위트레흐트 논쟁'까지 이어지죠.

도대체 로젠크로이츠가 어떤 단체일까요? 우리말로 '장미십자회'라고 부르는 비밀결사인데요, 로젠크로이츠는 신비주의와 과학이 결합한 단체라고 보시면 됩니다. 프리메이슨이나 일루미나티 등 여러 비밀결사 모임들은 지금도 대중문화에서 반복해 등장하기 때문에 귀에 익숙하기도 합니다. 그만큼은 아니어도 꽤 인지도 있는 비밀결사가 로젠크로이츠인데, 크리스티안 로젠크로이츠라는 사람이 창시자입니다. 장미십자회라고 하니 무언가 엄청난 비밀이 있을 듯했는데 그냥 창시자의 이름인 거죠. 한국으로 따지면 김영수 님이 시작한 영수회 같은 겁니다.

로젠크로이츠는 과학 지식을 쌓고 성취를 이룬 사람인데, 문제는 그가 살았던 시기가 1378년에서 1484년이라는 겁니다. 나이로 보면 무려 106살까지 장수한 거죠. 이 시기는 과학보다는 세상에 종교가 가득한 시대였고, 과학 지식을 추구하는 것은 신의 섭리에 대한 불신으로 취급받아서 이단으로 몰리기 좋은 시대였던 것이죠. 그가 죽은 지 120년 후, 1604년에 로젠크로이츠의 무덤이 네 명의 학자에 의해 발견되었는데 그의 무덤에는 '120년 후 발견될 것'이라는 예언이 적혀 있었다고 합니다. 이를 하나의 계시로 여긴 네 명의 학자는 로젠크로이츠의 유지를 받들어 그가 추구하던 수학과 물리학, 그리고 의학과 화학에 관심을 가진 비밀결사를 만들기로 합니다. 그것이 바로 로젠크로이츠회입니다.

모범생들의 모임이 비밀결사가 된 이유

수학과 물리학, 의학과 화학이라니 지금 생각하면 모범생 모임이잖아요. 그런데 이게 비밀결사가 된 이유는 1600년대에도 여전히 교회의 세력이 막강했기 때문이에요. 당시의 교회를 지금의 교회와 겹쳐 생각하면 안 됩니다. 예전의 가톨릭교회는 칼을 들고 십자군 전쟁이라는 명목으로 정복 전쟁을 떠나던 단체이고, 멀쩡한 여자들을 마녀로 몰아서 불에 태워 죽인 사람들이에요. 그것도 무려 800년간 반복해서요. 이런 무시무시한 권력

앞에서 그 핵심이 되는 신의 존재를 부정하는 것이나 마찬가지인 과학 연구를 대놓고 할 수는 없었겠죠. 인류에게 과학의 지식을 알리는 일이 목숨을 담보로 하는 비밀결사의 일이 된 것입니다.

그랬기에 데카르트가 장미십자회의 일원이라는 의심을 받은 것은 1980년대 한국에서 "너 간첩이지?"라는 말을 들은 것과 다름없습니다. 강하게 부정할 수밖에 없었죠. 데카르트가 장미십자회의 일원일 것이라는 소문은 몇십 년간 그를 따라다닙니다. 사실 데카르트가 하는 일이 그렇게 여겨질 만한 일이긴 했거든요. 실제로 데카르트도 장미십자회를 만나고 싶어 했다는 이야기도 있습니다. 정말 장미십자회의 일원이었다는 얘기도 있고요.

그래도 공식적으로는 부정했죠. 데카르트는 흔히 얘기하는 '혁명 투사 같은 사람'은 아니거든요. 그의 대표작인 『방법서설』에는 이런 사연이 있어요. 데카르트가 지동설을 기반으로 한 우주론을 저술하고 출판하려는데, 그 무렵 교황청에서 갈릴레이의 지동설에 대해 위법 판정을 내렸어요. 그에 겁을 먹은 데카르트는 출판을 단념하는데, 그동안 쓴 게 아까웠던 거죠. 그래서 그중 비교적 교황청이 문제 삼지 않을 만한 주제인 광학, 기상학, 기하학의 세 주제만 가지고 책을 만듭니다. 그리고 그 앞에 이 학문을 어떤 방식으로 탐구했는지 글을 덧붙이죠. 그게 바로 『방법서설』이거든요. 학문과 표현의 자유를 부르짖는 투사까지는 아니었던 거죠.

하지만 부정적인 연관검색어가 늘 따라다니는 연예인처럼, 데카르트에게는 계속 장미십자회 논쟁이 따라다닙니다. 데카르트가 유명해질수록 그를 시기한 세력들의 음해는 더욱 깊어졌거든요. 그중에서도 위트레흐트대학교 학장인 보에티우스가 대표적으로 데카르트를 음해한 사람인데, 데카르트는 장미십자회이자 무신론자라며 그의 강의를 금지하고 그를 고발하는 팸플릿을 뿌리기도 합니다. 이게 바로 위트레흐트 논쟁입니다.

무신론자라는 낙인은 잘못하면 화형이라는 극형과 연결되는, 당시에는 중죄였기 때문에, 데카르트는 그의 저술에서도 신의 존재를 증명하는 등 자신이 무신론자가 아님을 강조해요. 그래도 계속 이런 논쟁이 끊이지 않자 지친 그는 자리 잡고 있던 네덜란드를 떠나서 스웨덴으로 가기로 결심하기도 해요. 예나 지금이나 인생에서는 좋아하는 사람과의 관계보다 싫어하는 사람과의 관계를 어떻게 하느냐가 인생의 행복도를 좌우하는 것 같다는 생각이 드네요.

아리스토텔레스를 밟고 있는 데카르트

데카르트가 로젠크로이츠 회원이 아니라고 주장했어도, 그의 저서나 방법론을 보면 그 내용은 로젠크로이츠 회원이라고 해도 틀린 것은 아니죠. 나중에 가톨릭교회에서 데카르트의 책들을 금서로 지정하기도 했으니까요. 이전부터 『지식 편의점』 시리즈를 읽은 분들은 가톨릭교회는 왜 늘 좋은 책들을 금서로 지정하나 싶은 생각이 들 거예요. 마키아벨리의 『군주론』, 몽테뉴의 『수상록』, 몽테스키외의 『법의 정신』, 장 자크 루소의 『에밀』, 단테의 『신곡』 등 너무 많습니다. 게다가 다 유명한 작품들이죠. 그런데 생각해 보면 이 책들은 시대를 바꾸고 변혁하는 가이드가 되는 작품들이기 때문에 유명한 것이고, 그래서 당시 가톨릭교회의 입맛에는 맞지 않았던 것입니다. 가톨릭교회가 좋아하는 작품은 시대를 바꾸는 것이 아니라 따라가는 것이니, 명작의 반열에 오를 정도의 힘은 없었던 거죠. 시대를 개혁하는 책은 지배층에 환영받지 못하는 경우들이 많다 보니 유명한 작품 중에 금서가 많은 겁니다.

데카르트의 책 중에서는 『방법서설』이 대표적인 금서였어요. 『방법서설』은 줄인 제목이고, 원제는 '이성을 잘 인도하고 학문에서 진리를 탐구하기 위한 방법서설, 그리고 이 방법에 관한 에세이들인 굴절광학, 기상학 및 기하학'입니다. 보통 '방법서설'에 관한 부분만 따로 출판되어서 사람들이 읽고 있죠. 원제에서 잘 드러나듯 이 책은 이성을 활용해 진리에 다다르는 방법에 대해서 이야기하고 있어요. 그런데 그 방법론이 고대에서 중세로 내

RENATUS DESCARTES NOBIL. GALL. PERRONI DOM. SUMMUS MATHEM. ET PHILOS.
*Solus erat nulla DEXTERÆ FILIUS: unus Assignanÿq suis quaris miracula causa,
Qui Menti in Matris viscera pandit iter. Miraculum reliquum solus in orbe fuit:*

러오는 철학의 방법론과 다릅니다. 다른 정도가 아니라 기존의
철학적 토대를 무시하고 있습니다. 그래서 철학계를 뒤집어 놓
은 거죠. 17세기에 그려진 것으로 추정되는 데카르트의 초상화
가 있는데, 이 초상화에서 그가 밟고 있는 것이 바로 아리스토텔
레스의 책입니다.

나는 의심한다, 고로 존재한다

흔히 데카르트를 평가할 때 마지막 중세인이자 최초의 근대 인이라고 이야기합니다. 『방법서설』을 보면 왜 이런 평가가 있는 지 잘 알 수 있어요. 『방법서설』은 6부로 되어 있습니다. 1부에서 데카르트는 아주 근대적인 선언을 하죠. 첫 번째 문장에서 "양식 은 세상에서 가장 잘 분배된 것"이라고 말합니다. 여기서 양식은 쉽게 말해 이성입니다. 이성은 인간에게 똑같이 분배되어 있다 고 선언함으로써, 인간의 존재는 동등한 개체라고 인정하는 거 예요. 사람마다 차이가 생기는 이유는 이성을 활용하는 게 달라 서일 뿐, 이성을 가진 것의 차이가 아니라는 겁니다. 인간이 서로 간에 동등한 존재임을 먼저 이야기하는 것이죠. 중세가 신분제 사회임을 생각하면 매우 근대적인 이야기죠. 귀족에게도, 평민에 게도 양식은 동일하다는 거니까요.

2부에서 데카르트는 자신이 학문이나 진리들을 완전히 부순 후에 아주 단순한 네 가지 규칙하에 재구축할 것임을 얘기합니 다. 이 과정에서 기존의 학문 체계와 권위, 선입견을 모두 무시하 게 됩니다. 재구축하는 방법의 본질은 기본적으로 자신이 명확 하게 참으로 인식하지 않는 모든 것, 그러니까 조그만 의심이라 도 드는 모든 것을 거짓이라고 하는 것이죠. 그러다 보니 세상의 모든 규칙, 원리, 법칙들을 의심하게 되고 자신이 따라야 할 행동의 규칙들이 없어지잖아요. 그래서 3부에서는 자신이 새로운 방법을 찾을 때까지 기본적으로 지킬 도덕률이 어떤 것인지 제시합니다.

그러니까 1~3부까지는 본격적인 방법론을 설명하기에 앞서 그 토대를 이야기한 것입니다. 4부가 가장 중요한 파트인 거죠. 여기서 여러분이 너무나 잘 아는 명제 "나는 생각한다. 고로 존재한다."라는 표현이 나옵니다. 이것저것 의심하다 보면 밤하늘에 보이는 달도 내 눈이 속이는 거짓일 수 있고, 물리의 법칙도 거짓일 수 있어요. 그런데 그럴 때도 절대 의심할 수 없는 것은 그렇게 의심하고 있는 자기 자신입니다. 원문은 '나는 회의한다.' 혹은 '나는 의심한다.'에 더 가깝다고 하는데, 어쨌든 '생각하는 자기 자신'은 확실하기 때문에 모든 것의 원리를 자기 자신에 두게 됩니다. 확실한 토대 위에 진리를 세워야 진리가 제대로 서니까요.

여기서 바로 근대인이 나오는 거예요. 중세인은 모든 인식의 기준을 신이나 성경 같은 외부에 두었잖아요. 그런데 데카르트는 인식의 기준을 '자신'에게 둔 것입니다. 근대인이라고 말했지만, 사실 서양인들이죠. 흔히 개인주의라고 하는 서양인의 사고방식은 데카르트에서부터 시작된 거예요. 세상에 확실한 것은 자기 자신밖에 없으니 모든 행동의 기준이나 생각의 원칙을 자기 자신에게 맞추게 되는 거죠.

환경 분야를 다룰 때 '자연은 인간을 위해 종사하는 것이다.'라는 사고방식이 문제가 되거든요. 자연과 인간이 공존하는 것이 아니라, 나무는 베어서 인간을 위한 집을 만들고, 동물은 잡아서 인간의 먹을 것이 될 수 있는 것입니다. 그러면서 미안하다거나 감사하지 않는 게 인간 중심의 사고방식이죠. 그런 사고의 원류를 데카르트에서 찾을 수 있는 거예요.

마지막 중세인이자 최초의 근대인

재미있는 것은 인식론에서는 자기 자신만을 확실한 제일 원리로 삼아 근대적 인간관을 만들어내지만, 존재론에서는 신의 존재를 증명하고 있어요. 즉 "인간에게는 자신의 존재보다 더 완전한 신이라는 관념이 있는데, 나보다 더 완전한 것은 나 스스로 개념을 가질 수 없습니다. 그러면 이것은 밖에서 온 것이라는 겁니다. 스스로 가질 수 없다는 건, 신에 의해 그 관념이 생긴 것일 수밖에 없습니다. 그래서 신이라는 관념이 있다는 것이 곧 신이 있다는 증거가 됩니다."라는 얘기입니다. 인식론에서는 급진적인데 이런 존재론에서는 약간 구식이죠. 그래서 데카르트를 마지막 중세인이자 최초의 근대인이라고 부르는 거예요. 인식론에서는 근대적이지만 존재론에서는 아직 신에 대해 이야기하고 있으니까요. (물론 앞서 말했듯 무신론자로 의심받은 데카르트가 자신이 유신론자임을 강조하기 위해 책에서 이런 논리를 세웠을 가능성도 존재하긴 할 겁니다.)

그래도 데카르트는 근대 철학의 아버지라고 불리죠. '나'라는 인식의 주체를 세웠으니까요. 하지만 그것이 비극의 시작이었을지도 모릅니다. 그 뒤로 이어지는 제국주의의 역사, 전쟁, 지금의 환경문제에 이르기까지 생각하면요. 따지고 보면 인간이 우주의 중심이고, 내가 세상의 중심이며 자연은 인간을 위해 기능하는 보조물이라는 인간 중심, 자기중심적 사고방식 때문에 생긴 것일 수 있으니까요.

5부나 6부는 방법을 적용하는 것과 이 책을 쓰게 된 계기에 대해서 말하는데요, 4부까지만 읽어도 중심 내용은 다 읽었다고 보면 됩니다.

신의 자리를 대신하기 위해 인간에게 주어진 도구

데카르트에 대해 공과를 말하기는 아직 너무 이릅니다. 우리는 데카르트를 철학자로 알고 있지만, 그는 유명한 수학자이기도 하고 과학자이기도 해요. 이 시기에도 과학과 철학은 그다지 분리된 영역이 아니었죠. 수학이 급격하게 발전하게 된 계기는

'좌표계'라는 개념 때문인데요, 이 물체의 위치를 표시하는 방법으로 좌표계를 처음 고안한 사람이 데카르트였습니다.

　어려서부터 몸이 약하기도 했고 인생의 여유를 즐기는(어떻게 보면 게으른) 전형적인 프랑스인이었던 그는, 아침에 매우 늦게 일어났다고 해요. 침대에서 눈을 떠서 천장에 붙어 있는 파리를 보고, 파리의 위치를 표시할 수 있는 방법을 생각하다가 만들어낸 것이 좌표계인 거죠. 좌표계라는 개념은 그전까지 따로 구분되던 대수학과 기하학을 융합할 수 있게 해주어서 해석기하학을 만들어냈는데 이때부터 수학이 크게 발전했습니다. 데카르트는 수학뿐만 아니라 과학자로서 성취도 돋보입니다. 에너지 보존법칙을 주장하기도 했고, 중력 연구에도 관심이 있었어요.

　하지만 그의 진정한 업적은 신 중심의 사고방식을 인간 중심으로 끌고 와 인간에게 자아를 찾아준 것입니다. 사고의 기준으로 자아를 생각하는 것은, 그전에 사고의 기준이 신의 뜻에 부합하는가가 중요했던 시기와 비교하면 매우 근대적인 일이니까요.

　인간이 인간 중심의 사고를 하면서 과학 역시 매우 중요한 학문이 되었습니다. 신의 섭리라고 치부되어 이해되지 않아도 넘어가던 일들이 과학적으로 규명되는 것이니까요. 사물의 원리, 구성 요소, 법칙 등 여러 과학적 발견이 이루어지기 시작합니다. 세상에서 일어나는 현상을 신의 관점이 아닌 인간의 눈으로 보려고 하니 그에 대한 설명이 필요했고, 그래서 자연스럽게 과학이 본격적으로 사용되는 거거든요.

즉 인간이 자연을 파악하는 중요한 원리이자, 자연을 컨트롤할 수 있게 만드는 핵심 도구가 바로 과학입니다. 신만이 할 수 있는 일들을 인간이 하게 만들고, 신의 섭리로 감춰두었던 만물의 원리를 파악하게 만드는 것이 과학입니다. 그래서 과학은 인간을 신으로 만들어주는 아주 중요하고도 필수적인 도구입니다. 데카르트는 과학을 통해 '신이 되는 인간'이라는 스케치를 한 사람이나 마찬가지인 거죠. 이후의 인류는 그의 논의 위에 본격적으로 과학이라는 그림을 채색하기 시작한 거예요.

비밀결사

로젠크로이츠라는 비밀결사가 알고 보면 과학을 연구하는 모범생 집단이라는 것은 음모론이나 비밀결사 신화를 좋아하는 분들에게 충격일 겁니다. 하지만 실제로 잘 알려진 비밀결사 중에서는 그리 비밀스럽지 않은 경우도 많아요. 세계의 경제를 뒤에서 조종한다는 종류의 음모론과 얽힌 비밀결사들은 비밀리에 활동하지 않아도 되거든요. 경제인들의 친목 모임인 셈이잖아요. 우리나라의 전국경제인연합회와 다를 바가 없습니다.

만약 비밀결사로 활동하는 조직이 있다고 하면 법에 어긋나는 일을 하니 그런 것이겠고, 그렇다면 그건 비밀결사라기보다 범죄자 집단이나 조직폭력배가 아닐까요? 삼합회, 마피아처럼요.

비밀결사 중 가장 잘 알려진 것이 프리메이슨(Freemason)과 일루미나티(Illuminati)인데요. 역사적으로 보면 비교할 수 없을 정도로 프리메이슨이 오래된 단체입니다. 더욱 재미있는 건 프리메이슨은 비밀결사와는 맞지 않게 페이스북 페이지까지 운영하고 있어요.* 페이지에 접속하면 단체 성격을 '사회봉사 활동'이라고 규정하고 있습니다. 또 그들의 모임 장소인 '로지'라는 곳들이 세계 곳곳에 오픈되어 있기도 해요. 미국의 큰 로지는 관광도 할 수 있다고 합니다.

프리메이슨이 비밀결사라는 이미지를 가지게 된 것은 가입 조건과 관련이 있을 듯한데요, 기본적으로 무신론자는 안 된다는 것입니다. 무조건 신을 믿어야 하는데 그 신이 누구인지는 상관없어요. 그러면 프리메이슨은 다신론이 되겠죠. 이것이 중세 시대 가톨릭교회의 입맛에 맞았을 리가 없어요. 그래서 가톨릭교회의 탄압을 받게 되면서 사교와 인맥을 목적으로 한 모임이지만, 비밀결사처럼 되었다는 거죠. 지금은 그럴 필요가 없어서 드러내놓고 활동하는데도 그 이미지가 아직도 지속되고 있는 거고요.

프리메이슨의 기원은 1717년 영국에서 시작되었다는 설도 있고, 고대 이집트의 피라미드를 만들던 석공들의 모임에서 시작되었다는 설도 있습니다. 프리메이슨이 주로 인정하는 것은 솔로몬 신전을 건축한 석공들을 모아 히람 아비프가 만들었다는 설입니다. 기원이 석공 단체이다 보니 프리메이슨의 상징에 기하학적인 것이 많다는 거예요. 솔로몬 성전이라니, 이렇게 따지면 아주 오래된 단체죠.

* https://www.facebook.com/freemasonspage.

반면 일루미나티는 18세기 후반 독일에서 활동하던 급진주의 단체입니다. 일루미나티라는 말은 라틴어에서 비롯된 것인데요, 우리에게는 일루미네이션(Illumination)이라는 말로 알려져 있죠. 조명 축제, 조명 쇼 같은 거요. 그러니까 일루미나티는 빛과 관련이 있는 겁니다. 그래서 번역할 때는 광명회, 바이에른 광명회 정도로 이야기해요. 짐작하셨겠지만 계몽주의 시대에 조직된 계몽 단체가 일루미나티입니다. 번역에 바이에른이 붙은 것은 일루미나티를 조직한 아담 바이스하우프트가 바이에른 지역의 대학에 재직 중인 교수로서 이 지역에서 단체를 만들었기 때문이에요. 참고로 자동차 회사 BMW의 독일어 표기가 'Bayerische Motoren Werke'인데 해석하면 '바이에른 원동기 공업사'입니다. 바로 이 바이에른 지역인 거죠.

일루미나티는 계몽주의를 표방하고 만들어졌지만 방법론이 과격했습니다. 인간의 이성을 중시하면서 기존의 가톨릭교회와 절대왕정을 전복하고 자유와 평등의 나라를 건설하려고 했죠. 계몽주의 단체니까요. 방향성이 이렇다 보니 각국 정부의 탄압을 받았어요. 이후 가톨릭교회에서 이단으로 규정했는데, 예전에는 가톨릭교회로부터 파문당하면 사회생활을 할 수 없었기 때문에 급격하게 세가 약해져 만들어진 지 20년도 채 안 되어 없어졌다고 합니다.

바로 이 지점에서 음모론자들이 나서서 그때 없어진 것이 아니라 지하로 잠적해 세력을 점점 키워 지구 경제를 장악할 계획을 실현 중이고, 핵심 지도층에 외계인이 합류하여 조직을 이끌고 있다고 이야기를 보태고 있어요.

이런 비밀결사의 기원은 따지고 보면 과학, 기술, 합리성입니다. 가톨릭교회가 패권을 잡고 있는 시대에 이를 표방하다 보니 비밀결사가 되었는데요, 지금은 이런 비밀결사들이 신비주의나 사이비 종교처럼 여겨지죠. 그런 면에서 역사의 아이러니를 느낄 수 있지 않을까 합니다.

9. 공평하다는 깨달음

아이작 뉴턴 『프린키피아』, 찰스 다윈 『종의 기원』

뉴턴의 계산

"그건 저번에 내가 이미 계산했는데…"

에드먼드 핼리는 케임브리지에 방문하면서 같은 왕립학회 회원인 아이작 뉴턴을 만났다. 이왕 왔으니 커피나 마시자는 의도였는데, 온 김에 자신의 연구에 대해 조언을 구한 것이다.

"지구 공전을 아무리 계산해도 제대로 된 원의 궤도가 안 나오는데, 혹시 왜 그런지 알고 계시나요?"

"그럼. 지구 궤도는 원이 아니라 타원이니까."

"뭐라고요? 그럼 그 궤도를 계산하신 거예요?"

그러자 나온 대답이 바로 이미 자신은 20년 전에 계산을 끝냈다는 말이었다.

당대의 날고 기는 천문학자들이 계속 헤매고 있었던 문제에 대해 뉴턴이 한 말은 핼리를 놀라게 하고도 남았다. 하지만 핼리는 놀림을 당했거나 기분이 나쁘다는 생각보다는 진심으로 이 계산이 어떻게 된 것인지 궁금했다.

"혹시 그 계산 보여주실 수 있나요?"

"그게 20년 전에 한 계산이라 정리해 놓은 게 없으니, 조만간 다시 해서 보내줄게."

뉴턴의 말을 믿은 핼리는 집에 가서 뉴턴의 편지를 기다렸지만, 좀처럼 오지 않았다. 한참을 기다려 도착한 뉴턴의 편지는 편지라기보다는 소포에 가까웠다. 뉴턴이 본격적으로 계산을 정리하면서 체계적으로 법칙화하느라 꽤 두꺼운 책이 된 것이다.

편지를 가장한 책을 읽어보고 핼리는 감동했다. 뉴턴이 허풍을 친 게 아니라 정말 완벽하게 정리했다. 핼리는 원고를 읽으며 뉴턴을 설득해 이 원고를 반드시 출판하게 해야겠다고 다짐했다. 사실 왕립학회에서 다른 물리학자인 로버트 훅과 싸운 뉴턴은 몇 년째 왕립학회에 나타나지도 않고 자신의 기분이 상했다는 티를 내고 있었기 때문에 설득하는 데 시간이 걸렸지만, 결국 뉴턴은 책을 내게 되었다.

물리학의 근간과 뉴턴

위의 이야기에 등장하는 핼리는 핼리혜성의 발견자인 에드먼드 핼리입니다. 핼리가 없었으면 오늘날 뉴턴은 없었을지도 모릅니다. 핼리는 핼리혜성의 발견자이기도 하지만 뉴턴의 발견자로 기억해도 좋아요. 뉴턴의 성격은 그야말로 괴팍한 천재 과학자의 전형이었습니다. 자신의 연구도 발표하지 않고 가까운 지인들에게만 이야기하는 정도였어요. 귀찮고, 논쟁이 생기는 것도 싫고, 사실 매우 소심하기도 했거든요.

같은 왕립학회 회원 중 핼리와는 잘 지냈지만, 로버트 훅과는 평생의 앙숙이었어요. 훅이 뉴턴의 논문이 자신의 이론을 표절한 것이라고 음해하고 인신공격을 했거든요. 나중에 뉴턴이 왕립학회의 회장이 되었을 때 훅의 초상화를 태워버렸다는 이야기가 있죠.

성격과는 별개로 뉴턴이 천재인 것은 사실입니다. 핼리가 설득해서 낸 책이 바로 『프린키피아』입니다. 프린키피아(Principia)는 '법칙'이라는 뜻의 라틴어인데, 이 책은 과학계에서 이정표가 되는 책이거든요. 현재 물리학의 근간이라고 할 수 있는 고전역학의 기본이 되는 뉴턴의 3법칙이 바로 이 책 안에 들어있어요.

『프린키피아』는 읽어보라고 권하기에는 너무 수학적입니다. 특히 기하학 증명이 가득 차 있는 책이어서 수학에 특별한 관심이 없다면 이해하기가 어렵긴 하죠. 정독하기보다 책의 의의를 아는 정도로 접근하는 것이 좋지 않을까 싶어요.

사람이 평등할 수 있다는 말도 안 되는 가정

뉴턴이 외계인처럼 등장해 갑자기 지구상에 전혀 없던 과학을 만든 것은 아닙니다. 뉴턴이 태어나기 바로 전 해에 갈릴레이가 죽습니다. 그래서 호사가들은 뉴턴을 두고 갈릴레이의 환생이라고도 했죠.

환생은 아니어도 뉴턴 역시 자신의 연구는 선대의 연구에서 기인한 것이라는 것을 분명히 의식하고 있습니다. 뉴턴이 훅에게 쓴 편지에 "내가 멀리 볼 수 있었다면, 그것은 거인의 어깨 위에 서 있었기 때문입니다."라는 말을 썼거든요. 이때 거인은 선대 과학자들을 아울러서 이야기한 것이라고도 하고, 콕 집어서 갈릴레이라고도 합니다. 무엇이 되었든 중요한 것은 과학의 전통이 싹트고 그것이 대를 거듭하면서 발전했다는 것이죠.

과학은 기본적으로 평등함을 가정합니다. 질량이 m이라면 이 물체는 h의 높이에서는 $9.8 \times m \times h = N$이라는 힘을 받는 거예요. 질량을 따질 때 귀족은 같은 m이라도 가중치가 1.5배이고, 평민은 0.5배라는 설정은 있을 수 없습니다. 과학의 기준에서 신분이나 태생은 구분이 안 되거든요. 종교의 기준에서 왕과 평민은 신의 은총을 받는 정도가 다르지만, 과학의 기준에서는 왕도 평민도 질량이 m인 사람일 뿐입니다.

과학이 가치 판단의 기준이 되고 있다는 것은 사람을 신분이나 출신으로 구분하는 일들이 점점 부당하게 느껴질 것이라는 미래를 예측하게 합니다. 과학의 눈으로 보면 사람은 본질적으로 아무런 차이가 없으니까요. 다르게 타고났다는 개념이 들어설 여지가 없습니다. 그러니 과학적인 시각을 대중들이 공유하게 될수록, 중세를 지탱하는 공고한 체계인 신분제의 타당성은 점점 흔들리게 되는 겁니다.

차라리 원숭이가 내 할아버지가 되는 게 낫겠다

사람 사이의 평등함이라는 전제를 뉴턴의 과학이 상기시켜 준다면, 만물 사이의 평등함까지 생각하게 하는 것이 찰스 다윈의 『종의 기원』입니다. 기독교에서는 인간이 만물의 지배자인 이유를 설명하거든요. 인간만 하느님의 형상을 재현해서 만든 자연의 관리자라는 거죠. 하지만 『종의 기원』에서는 인간은 여러 동물 중 하나일 뿐이고, 원숭이, 침팬지 등과 그다지 다르지 않다고 주장합니다. 사실 다윈이 직접적으로 이렇게 주장한 것은 아

닙니다. 다윈은 기독교 신자였고, 자신의 이론이 사람들의 어떤 부분을 건드리는지 잘 알고 있었기 때문에, 책에는 인간에 대한 이러저러한 정의를 쓰지 않았습니다. 하지만 그의 책이 발간되는 날 초판이 모두 판매될 정도로 사회적 관심을 끌자, 자연스럽게 그의 논의에 의해 원숭이 논쟁이 촉발된 거죠.

　『종의 기원』이 출간된 다음 해인 1860년 6월, 영국 과학진흥협회의 연례 모임에서 옥스퍼드 교구의 주교인 새뮤얼 윌버포스와 '다윈의 불독'이라는 별명을 가질 정도로 진화론 추종자였던 토머스 헉슬리가 충돌했죠. 윌버포스가 헉슬리에게 마지막으로 한 질문과 그에 대한 헉슬리의 대답은 지금도 종종 회자될 정도입니다. 윌버포스는 이렇게 말했습니다. "진화론에 따르면 당신들의 조상 중에 원숭이가 있다는 거죠? 그렇다면 그 원숭이가 그대의 할아버지 쪽입니까, 아니면 할머니 쪽입니까?" 그러자 헉슬리의 대답은 "자연으로부터 위대한 능력과 특권을 부여받았으면서 그 영향력으로 과학을 억압하는 부도덕한 인간을 할아버지라고 하느니, 차라리 정직한 원숭이를 할아버지라고 하겠소."*였다고 합니다.

꼰대들의 야합으로 선수를 빼앗긴 월리스

정확히 따지면 다윈은 『종의 기원』에서 직접적으로 인간의 조상이 원숭이라는 이야기를 한 적이 없고, 그것으로 공개적인 논쟁을 한 적도 없어요. 다윈은 대중 앞에 나서기를 싫어했고, 내성적인 성격을 가지고 있었던 듯해요. 『종의 기원』 출간에는 뒷이야기가 있죠. 1858년, 그러니까 『종의 기원』이 출간되기 1년 전에 젊은 학자 앨프리드 월리스는 말레이 제도의 한 섬에서 다윈에게 편지를 보냅니다. 요즘 자신이 연구하는 주제를 다윈 선생님이 한 번 봐달라는 것이었어요. 그런데 그 주제가 다윈이 그

---

* 글중, "'진화론'의 자손: 멘델의 유전법칙, 그리고 우생학'. https://ahopsi.com.

동안 연구해 온 자연선택에 의한 진화론이었던 거예요. 다윈의 입장에서는 큰일이었죠. 자신이 그간 연구해 왔던 것인데 종교 박해가 염려되어 증거를 꼼꼼하게 다 모으기 전까지는 발표하지 않겠다고 눈치만 보고 있었거든요. 친한 친구들에게만 이야기했는데 이러다 선수를 빼앗기게 생긴 겁니다.

다윈이 패닉에 빠져서 어찌할 바를 모르고 있던 때, 다윈의 친구들은 월리스에게 연락했습니다. 당신의 편지가 늦게 도착하는 바람에 이제야 확인했는데 다윈 선생이 연구해서 발표하기로 한 내용과 비슷하니 공동 발표로 해주겠다고 구슬리죠. 실제로는 이 편지 때문에 연구 결과를 발표하기로 결심했으면서, 원래 발표를 준비해 왔는데 우연히 비슷한 내용으로 당신의 편지가 도착했다고 선후관계를 바꾼 거예요. 그런데 월리스는 이 말을 철석같이 믿고 존경하는 다윈 선생님과 같은 선상에 이름이 오르게 되어 영광이라며 감격합니다. 이렇게 보면 꼰대들의 야합으로 월리스는 진화론의 최초 발표자라는 타이틀을 빼앗긴 것입니다.

그럼에도 우리가 다윈의 업적을 인정하는 이유는 다윈이 그전에 『비글호 항해기』 같은 책을 냈고, 학자인 친구들에게 그의 논문과 아이디어를 알려주었으며, 무엇보다 다윈의 연구의 방대함 때문이었습니다. 『종의 기원』은 약간의 주장과 그 주장을 뒷받침하는 어마어마한 사례들로 구성되어 있어요. 이 사례들을 정리하느라고 시간을 끌었다는 것은 충분히 이해되는 일이에요. 이렇게 꼼꼼히 사례들을 열거했기 때문에 대중은 진화론이 논리적이라고 받아들인 것이기도 하니까요.

적자생존의 세계

물은 가열하는 과정 없이 갑자기 0도에서 100도로 끓어오르지 않습니다. 과학 이론 역시 하늘에서 뚝 떨어진 것이 아닙니다. 코페르니쿠스의 지동설이 있기 훨씬 이전에 고대 그리스에서 이미 지동설에 대한 논의가 있었고, 뉴턴의 중력도 그전부터 조금씩 이야기되고 있었습니다. 사과가 떨어지는 것을 보고 중력을 발견했다는 뉴턴의 이야기는 소위 MSG를 뿌린 거고요. 『종의 기원』 역시 다윈 혼자 갑자기 주장한 이론은 아닙니다. 그전에 여러 논의가 단발적으로 이루어졌고, 특히 월리스의 경우 거의 유사한 주장까지 했는데, 다윈이 그 모든 논의를 종합해서 정리한 것이죠.

『종의 기원』에서는 자연에서 일어나는 조그마한 변이 중 생존에 더 유리한 변이를 가진 종이 살아남고, 그것이 나중에는 주류종이 된다고 말합니다. 자연선택이라고 하고, 조금 더 비정하게는 적자생존이라고 하는 과정을 통해 새로운 종으로 진화하는 것이죠. 『종의 기원』은 총 15장으로 되어 있는데 다윈의 중요한 주장은 4장까지로 정리됩니다. 그다음 내용은 진화론의 반론에 대한 재반론 혹은 생물적, 지리적 증거들을 나열하는 내용들이죠. 개별 사례들은 매우 낯설지만, 그의 주장이 새로울 게 없다고 느끼는 이유는 우리가 학교 생물 시간에 이미 배웠기 때문이죠.

즉 다윈의 논의는 나온 지 160여 년밖에 안 되지만 엄청나게 히트해서 순식간에 전 세계에 퍼지고, 견고한 지지를 얻게 된 것입니다. 이렇게 된 데는 제국주의와 근대 자본주의 같은 사회적 환경이 크게 작용했습니다. 제국주의나 자본주의에서 보면 적자생존은 강자가 약자를 지배하는 논리가 되거든요. 생존 경쟁에서 승리한 최적자가 결국 살아남는 것이고 약자는 멸종하는 것이니까요.

하지만 다윈의 논의를 자세히 보면 이렇게만 이해할 것은 아닙니다. 당시 반론에서도 "그렇게 계속 진화한다면 왜 세상에는 하등 생물이 존재하는가?" 하는 논의가 있었거든요. 다윈의 대답은 변이가 일어났다고 해서 그게 꼭 진보는 아니라는 거죠. 적자라는 것은 승리자라기보다는 환경에 딱 맞게 적합하다는 뜻이고, 때로는 하등 생물이 유리한 환경도 있다는 거예요. 그러니까 환경에 맞는 것이 살아남는 것이니 살아남았다고 꼭 진보했다고 말할 수는 없다는 것이죠.

또 한 가지 인상적인 논의는 자연선택은 언제나 개체에 이기적인 쪽으로 일어난다는 것입니다. 자신에게 유리한 것이라고는 전혀 없는데 타인에게 유리한 특성으로 진화가 일어나는 일은 없다는 것이죠. 예를 들어 방울뱀은 독을 가지고 있는데, 그것은 자신을 지키기 위해서잖아요. 그런데 당시 박물학자 중에서는 방울뱀이 소리를 내는 이유는 자신의 맹독을 피하라고 다른 생물들에게 경고하는 것으로 생각하는 사람이 있었어요. 다윈은 그런 진화는 일어나지 않는다고 말하고, 방울뱀이 소리를 내는 것은 상대방에게 위협을 가하기 위해서라고 합니다. 그러니까 진화론은 철저하게 이기적인 차원에서 일어나는 거예요.

살아남았기 때문에 최적자다

저는 이 진화론이 인간 중심주의의 하나의 논거가 되었다고 생각합니다. 데카르트에 의해서 생각의 기준이 인간이 된 시대거든요. 신의 관점이 아닌 인간의 관점에서 사물을 바라보고 자연을 이해하게 되는 거죠. 여기에 진화론이 나오면서 인간 중심의 사고를 뒷받침해 준 거예요. 어차피 자연의 법칙은 이기적인 쪽으로 작용하는 것이니까요. 인간 중심주의는 환경이나 자연을 인간의 편리와 이익을 위해 마구 사용해도 좋다는 기조를 주었죠. 그 대가로 우리는 지금 인간이 파괴한 지구의 환경 밸런스를 걱정하는 처지에 이르렀고요.

다윈은 『종의 기원』을 몇 차례 수정해서 출간했기 때문에 책의 결론을 보면 초판에 대한 사람들의 반응에 대해 쓴 부분도 있습니다. 다윈의 입장에서는 '왜 종교적으로 불편한 감정을 가지는지 모르겠다'는 것입니다. 다윈의 기조는 '제일 처음 만들어지는 생물에 여러 변형이 생겼고 지금에 이르렀다. 그리고 제일 처음 만들어진 것은 조물주의 계획에 의해서이다.' 정도인 것 같습니다. 하지만 정말 그렇게 생각했을지 의문이 듭니다. 다윈은 기독교인이었지만 10살이었던 딸을 병으로 잃은 후에는 신에 대한 의문을 품기 시작했다는 얘기도 있으니까요.

『종의 기원』은 연구 동기부터 발간 후의 논란까지 여러 가지 이슈가 많은 책이지만, 한 가지 확실한 것은 이 책이 인류사에 가장 중요한 저술 중 하나라는 것입니다. 정신적, 종교적인 감정을 제외하고 인간을 과학적, 객관적으로 바라본 최초의 저작이라고 할 수 있죠.

다윈의 진화론은 인간을 신의 특별한 대리인으로 생각하지 않고, 자연계에 존재하는 모든 동식물과 똑같은 선상에서 생각할 수 있는 틀을 제공했습니다. 인간에게만 적용되는 신의 은총이나 혜택, 초자연적인 것들은 당연히 있을 수 없습니다. 인간을 연구하고 인간에 대해 알고 싶다면, 마치 개를 연구하고 개똥벌레를 연구하듯 과학의 도구를 가지고 이해해야 합니다. 신의 섭리와 뜻을 생각하는 것이 아니라 객관적이고 합리적인 법칙과 규칙을 인간에게 적용해야 하거든요.

이런 점 때문에 진화론은 인간 중심주의를 해친 것 같기도 하지만, 사실은 진화의 이기성이 자연스러운 것이라는 점을 강조하면서 진정한 인간 중심주의의 근거를 마련한 이론이라고 할 수 있어요. 그전에는 신, 정신이라고 하는 것들이 인간을 특별하게 해주었다면, 이 시점부터 과학의 눈으로 바라본 인간은 인간 그 자체이기 때문에 특별하게 된 것이죠. 살아남아 생태계 최정상에 서 있으니까요. 이는 인간이 생태계의 최적자라는 증거거든요. 모든 생물과 무생물들 위에 서서 그들을 이용할 자격이 충분합니다. 적자생존의 법칙이 적용되는 게 자연입니다.

신의 대체가 된 과학

진화론을 통해 인간은 신을 배제하고 인간의 의지로 운명과 자연에 맞설 준비를 합니다. 자신을 객관적으로 아는 것만큼 자기 자신에 대한 확실한 준비가 없죠. 날카로운 손톱 하나 없는 인간이 동물들 사이에서 최적자의 위치에 서게 된 이유로 여러 가지를 듭니다. 그중 하나가 도구의 사용이에요. 디즈니 애니메이션 〈정글 북〉에서는 늑대 사이에서 자란 늑대 소년 모글리가 늑대보다 약할 수밖에 없는 자신의 힘을, 도구를 사용하며 극복하는 장면이 나오죠. 도구 사용은 인간의 종족 특성이라면서요.

현재 인간의 가장 강력한 도구가 바로 과학입니다. 제우스의 번개, 토르의 망치와 마찬가지입니다. 그 도구들에서 힘과 권능이 나오는데요, 과학과 그에 따른 기술은 인간을 신과 동급으로 만들고 있어요. 예전에 신을 믿으면 약속받았던 부나 장수가 이제는 과학으로 구현되니까요. 시간이 지나면 신이 해주지 못했던 영생까지도 과학이 이뤄줄지 모르겠습니다.

과학이 기술의 영역에서 도구적인 역할만 하다가 『종의 기원』에 이르러 비로소 신을 대체할 만한 가능성을 보여주기 시작한 것이 아닐까 합니다. 중세의 신은 사람들의 가치 판단, 생각, 생활의 기준이 되었고 그에 맞는 규칙을 제공했습니다. 세계는 신의 뜻대로 돌아갔죠. 지금은 과학이 모든 것의 판단 기준이고, 생각의 틀입니다. 세계는 과학 법칙 아래에서 돌아가고 있습니다. 과학이 신의 위치를 차지하고 있으니, 이를 과학의 신격화라고 불러도 어색하지 않을 듯합니다. 그리고 지금까지는 과학이 신의 직무를 잘 수행하고 있기도 하고요.

10. 무의식을 의식하다

지그문트 프로이트 『꿈의 해석』

알키오네의 꿈

"오늘 바다가 잠잠한데 혹시 오시려나?"

바닷가 궁전의 꼭대기 방에서 늘 바다에 시선을 두며 항해에 나선 남편을 기다리는 왕비가 있었다. 그녀의 이름은 알키오네. 그녀의 남편은 트라키아 왕국의 왕 케익스였다.

오전 내내 바다만 바라보던 그녀는 점심을 간단히 먹고 외출할 준비를 했다. 시녀들과 찾은 곳은 헤라 여신의 신전이었고, 그녀는 오후 내내 그곳에서 향불을 피우며 남편이 무사히 돌아오기를 빌고 또 빌었다.

하지만 케익스는 이미 폭풍으로 바다에 빠져 죽은 후였고, 죽은 사람을 살리는 것은 신도 할 수 없는 일이기에 헤라는 이런 상황이 무척 안타까웠다.

생각다 못한 헤라는 잠의 신인 히프노스를 불렀다.

"가여운 알키오네에게 남편의 소식이라도 알려줬으면 좋겠어요."

히프노스는 속으로 '쳇, 이럴 때만 찾고. 귀찮군.'이라고 생각했지만, 신들의 여왕에게 속마음을 얘기할 수 없는 노릇이었다.

"예, 헤라 님 부탁이라면 뭐든지 들어드려야죠. 늘 생각해 주셔서 감사하고 있는걸요."

사회생활 만렙인 히프노스는 생각과 말이 다르게 나와도 티가 나지 않았기 때문에, 헤라는 안심하고 그에게 일을 맡겼다. 하지만 히프노스는 직접 처리하기 귀찮아서 아들인 모르페우스를 불러 헤라의 부탁을 전했다.

히프노스의 자식은 수천 명으로 모두 꿈의 신들이다. 모르페우스는 그들 중에서도 특히 인간의 모습으로 변하는 데 매우 능했다. 용모는 물론이고 걸음걸이, 말투까지 감쪽같이 흉내낼 수 있었다.

"걱정하지 마세요. 제가 바로 날아가서 그녀에게 소식을 알릴게요."

말을 마치자마자 모르페우스는 한달음에 알키오네에게 날아갔다. 케익스의 익사한 모습으로 외양을 바꾼 모르페우스는 창백한 얼굴로 물을 뚝뚝 흘리며 알키오네의 꿈속에 나타났다.

"나는 이미 죽었으니 부디 나를 잊고 행복하게 살아주오."

잠에서 깬 알키오네는 그제야 케익스가 죽었다는 사실을 깨닫고 가슴을 치며 오열했다.

다음 날 알키오네는 케익스를 그리워하며 그가 떠난 바닷가를 거니는데, 파도에 남편의 시체가 밀려오는 것을 보았다. 알키오네는 남편에게 가기 위해 방파제에서 뛰어내렸고, 그 순간 그녀는 새로 변했다. 신들의 배려랄까. 새로 변한 알키오네가 케익스의 시신에 입을 맞추자 그 역시 새로 변해 같이 날아올랐다. 이때부터 두 마리의 물총새는 바다 위에서 함께 살아가게 되었다.

엔도르핀의 유래

그리스 신화의 계보로 보면 태초에 있었던 혼돈, 카오스에서 모든 것이 나왔죠. 그리고 그 카오스에서 에레보스와 닉스가 나옵니다. 어둠의 신 에레보스는 암흑 그 자체이고, 밤의 여신 닉스와의 사이에서 여러 명의 자식을 두는데 그 가운데 히프노스가 있죠. 히프노스는 잠의 신입니다. 히프노스는 수천 명의 자식을 두는데, 자식들은 모두 꿈의 신들입니다. 그중에서도 모르페우스, 포베토르, 판타소스가 가장 유능합니다. 모르페우스는 꿈에서 주로 인간의 모습으로 나타나고, 포베토르는 동물, 판타소스는 사물로 나타나죠.

모르페우스가 셋 중에서 리더입니다. 그러니까 모르페우스는 모든 꿈의 신 중 가장 강력한 신이죠. 그의 이름은 영화 〈매트릭스〉에서 주인공 네오를 처음 매트릭스의 세계로 이끄는 저항군의 리더 중 한 명인 '모피어스'로 쓰입니다. 기계가 만들어낸, 꿈과 같은 메타버스의 세계라는 세계관을 가진 영화에서 모피어스는 매우 의미 있는 이름일 수밖에 없죠.

모르페우스의 이름이 또 쓰인 곳이 있어요. 모르페우스의 상징이 양귀비 열매거든요. 양귀비 열매는 아편의 재료가 되는데, 이 양귀비에서 결정을 추출해 만든 약을 '모르핀'이라고 부릅니다. 모르핀은 수면 유도나 진통 완화 등의 효과가 있죠. 뇌하수체와 시상하부에서 발생하는 호르몬은 모르핀과 비슷한 작용을 하거든요. 그래서 이 호르몬을 체내에서 자연 발생한 모르핀이라는 뜻으로 '엔도제너스 모르핀'이라고 불러요. 보통은 '엔도르핀'이라고 줄여서 부르지만요.

1900년대를 연 『꿈의 해석』

고대인들에게 꿈은 정신의 존재를 일깨우는 증거였다는 이야기가 있습니다. 기록이 남아 있지 않기 때문에 단정적으로 말할 수 없지만, 먼 곳에 있는 것 혹은 과거의 것을 볼 수 있는 '꿈'은 고대인들이 이해할 수 있는 수준을 넘어서죠. 그래서 몸 이외의 다른 것이 몸 안에 들어 있다가 잠들면 빠져나와서 주변을 돌아다닌다고 생각할 수밖에 없었습니다. 말하자면 몸과 다른 그 무엇, 정신 혹은 영(靈)을 생각하게 된 것입니다. 꿈이 바로 그 증거죠.

철학이 발달한 그리스 시대에도 꿈은 학문의 대상이 아닌 신들의 의지를 전하거나 계시를 내리는 수단으로 인식되었습니다. 신들은 꿈을 통해서 인간들과 소통하죠. 전령의 신 헤르메스도 그래서 인간들의 꿈속을 들락거렸습니다.

기독교가 득세한 중세인들이 보기에 꿈은 어떤 방식으로도 설명이 안 되는 것이었죠. 역시 꿈을 설명할 길은 신밖에 없었어요. 꿈은 신의 뜻을 인간에게 전하는 도구라고 생각했던 거죠. 지금도 꿈을 꾸면 해몽을 찾고, 심지어 로또 번호처럼 미래에 대한 단서를 찾으려는 것은 이런 생각이 여전히 남아 있어서일 겁니다.

김만중의 소설 『구운몽』에서는 꿈에서 양소유라는 성공한 인생을 살아본, 육관 대사의 제자 성진이 문득 인생의 무상함을 깨닫는다는 내용이 나옵니다. 꿈을 통해 깨달음을 얻게 되는 거죠. 이때 성진이 꾸었던 꿈은 스승인 육관 대사에 의해 교훈적인 메시지를 줄 수 있게 조작되었을 가능성이 큽니다. 이때도 신은 아니지만 일반적인 사람을 뛰어넘는 초자연적인 존재에게 꿈이 이용당하는 것입니다.

과학이 모든 것을 설명하는 시대가 되어서 인간 자체도, 자연현상도 과학의 분석으로 설명되기 시작했습니다. 그런데도 도무지 설명도 불가능하고 판단이나 분석 자체가 안 되는 것이 꿈이었습니다. 꿈은 유독 연구의 대상조차 되지 못했거든요. 인간의 영혼과 관련된 어떤 것이 아닐까 생각하는 정도였던 거죠. 그런데 과학적으로 객관화 대상이 될 수 없었던 꿈을 과학적인 분석 대상으로 삼아 체계화시키고, 꿈의 의미와 메시지를 설명한 사람이 등장합니다. 바로 지그문트 프로이트예요. 그가 1900년에 출판한 책이 『꿈의 해석』이거든요. 출간 연도도 의미심장하지 않나요? 1800년이 지나고, 1900년대가 열렸잖아요.

과학계의 3대 혁명?

프로이트는 어느 나라 사람일까요? 이름을 보면 독일인 같기도 한데, 막상 어느 나라 사람인지 정확히 기억이 안 나는 분들이 있을 거예요. 프로이트는 현재 체코에 해당하는 지역에서 태어났습니다. 당시엔 오스트리아였어요. 그는 어린 시절에 빈으로 이주합니다. 그래서 국적은 오스트리아예요. 하지만 유대인이었기 때문에 나중에 나치의 탄압을 피해 영국으로 망명하죠.

그의 생은 복잡한 여정이었습니다. 그의 학문적 여정은 더욱 복잡해요. 오스트리아 빈대학교의 의대생으로 입학하여 1881년 박사 학위를 받습니다. 그리고 종합병원의 신경과 의사가 되면서 본격적으로 히스테리에 대해 연구하고 치료하기 시작하죠. 그때는 최면술로 히스테리나 몽유병을 치료하는 게 유행이었는데, 프로이트는 이에 회의를 느꼈습니다. 그러다가 환자가 자신의 증세를 이야기하는 것만으로도 히스테리가 치료되기도 한다는 것을 알게 돼요. 정화법을 연구하던 프로이트는 거기서 자신만의 방법을 발전시키죠. 일명 '자유연상법'입니다. 영화를 보면 심리학자를 찾아가 편안하게 누워서 주절주절 이야기하는 장면이 클리셰로 나오잖아요. 그런 방법을 개발한 사람이 프로이트죠.

이후 그는 자신의 무의식을 탐색하고 꿈에 집중하는 과정에서 '정신분석학'이라는 새로운 학문을 만들게 됩니다. 혹자는 과학계의 3대 혁명으로 코페르니쿠스의 지동설, 다윈의 진화론, 그리고 프로이트의 정신분석학이라고 합니다. 그런데 어떤 이는

『꿈의 해석』은 주관적인 주장일 뿐, 과학은 아니라고 합니다. 생각해 보면 꿈을 해석하는 데 어떤 과학적 방법도 적용되지 않고 그저 프로이트의 주장일 뿐이기도 하니까요. 그렇다면『꿈의 해석』은 과학계에서 어떤 위치에 있는 것일까요?

꿈이 직접적이지 않은 이유

『꿈의 해석』의 내용은 이렇습니다. 1, 2장을 거쳐서 꿈이 아무것도 아닌 게 아니라, 인간의 정신 작용에 있어 매우 의미 있는 일이라는 것을 밝히는 부분이에요. 꿈은 연구할 만하다는 거죠. 그도 그럴 것이 꿈이라는 게 여러 명이 같이 볼 수 있는 것도 아닌 지극히 개인적인 것이고, 그 개인조차도 나중에 기억이 희미해지는 거잖아요. 게다가 부끄러운 내용들에 대해서는 남에게 이야기하기를 꺼려하기도 합니다. 그러니까 과학적으로 연구하고 분석할 대상이 될 수가 없었던 거예요.

프로이트는 그런 난점에도 불구하고 충분히 연구할 만하다며 스스로 자신의 환자 이르마에 대해서 꾸었던 꿈에 대해 분석하면서 자기 자신을 텍스트로 삼습니다. 나중에 프로이트의 계승자라는 칭호를 듣는 자크 라캉이라는 정신분석학자가 프로이트가 이르마에 대한 꿈을 분석한 것을 다시 분석해서, 사실 프로이트가 이르마에게 이성적 호감을 느끼고 있었다고 진단하기도 해요.

그 후 이어지는 장에서 프로이트는 꿈에 대해 본격적으로 분석합니다. 인간이 꿈을 꾸는 이유는 소망을 충족하기 위해서라는 것이 그의 핵심 주장이에요. 인간의 소망은 이성적으로 대하기에는 조금은 유치하고 창피하고, 너무 직접적일 수 있습니다. 그래서 꿈에선 그런 부분을 왜곡해서 표현하게 되죠. 무의식이 스멀스멀 그대로 올라오는 것이 아니라, 자면서도 이성에 의한 검열을 거쳐서 다른 모습으로 표현되는 거예요. 예를 들어 어느 젊은 의사가 탈세 혐의로 체포되는 꿈을 꾸었다고 가정합시다. 꿈을 꾸기 전날, 소득이 별로 없어 단출하게 소득신고를 해야 했던 그가 부자가 되고 싶다는 욕망이 생겼고 그게 탈세범이라는 형태로 꿈에 나타났다는 것입니다.

그렇기 때문에 꿈을 해석할 필요가 생기는 것이죠. 원래의 욕망을 그대로 반영하지 않고 압축, 전치의 방법을 통해 왜곡합니다. 압축은 꿈이 전개될 때 중간중간 생략되는 겁니다. 그래서 꿈을 꾸다 보면 하늘을 날다가 갑자기 음식을 먹는 장면으로 건너뛰기도 하죠. 전치는 위험하거나 전복적인 욕망을 다른 것으로 대체해서 생각하게 하는 방어기제예요. 예를 들어 어떤 사람을 때리고 싶다는 충동이 그 사람이 좋아하는 과일을 밟는 형태로 꿈에 나타나는 식인 거죠.

무엇보다 꿈은 상징을 활용하거든요. 자기가 사촌 동생한테 소시지를 가지고 있다고 말하는 꿈을 꾸었는데, 사실 이 소시지는 남성 성기의 상징이라느니 하는 거요. 이런 해석이 『꿈의 해석』에서 빈번하게 나옵니다. 바로 이것이 프로이트의 약점으로 지적되는데요, 너무나 많은 소재들을 성에 결부시킨다는 거예요. 프로이트는 웬만한 정신적 문제들은 전부 어린 시절에 겪었던 성적 트라우마 때문이라고 해석하죠. 그래서 그의 추종자이자 동료인 카를 구스타프 융도 "입만 열면 성적인 이야기야?"라고 하며 그와의 교류를 중단해요. 융은 이후 성격 원형과 집단 무의식 같은 것으로 또 다른 이론을 만듭니다. MBTI 성격 유형 검사도 융의 이론에 근거한 거예요.

무의식이 의식으로 드러나다

비록 성이라는 편향성은 있지만 프로이트가 이렇게 열심히 꿈을 해석한 이유는 무엇일까요? 그건 꿈이 무의식과 관계가 있고, 그 무의식을 탐구하는 과정이라는 인식 때문입니다. 인간이 무의식적으로 가지는 생각이나 소망들이 평소에는 이성에 억눌려 무의식 저편에 존재하다가 꿈으로 나타나게 된다는 거예요.

의식과 무의식 사이에 전의식이 존재하는데 전의식은 의식과 무의식을 연결해 주는 다리 역할을 합니다. 전의식은 기본적으로 무의식이지만, 살짝 건드려주는 것만으로도 의식의 영역으로 넘어올 수 있는 것입니다. 한 달 만에 간 식당에서 '저번에 왔을 때 뭐 먹었지?' 하고 곰곰이 생각하면 신기하게도 떠오르거든요. 평소에 한 달 전 식당에서 먹은 메뉴가 무엇인지를 기억하며 살지 않지만, 의식적으로 떠올리려고 하면 기억나는 거죠.

프로이트는 무의식이 인간의 정신 건강에 매우 큰 의미가 있다고 생각했습니다. 심리적 삶의 토대라는 거죠. 때때로 이 무의식은 전의식 단계를 거쳐서 의식의 영역에 올라올 수 있어요. 자신의 심리적 불안감, 히스테리나 신경증은 무의식에 있는 어떤 사실들 때문인데, 그것을 전의식을 거쳐 의식의 영역으로 끌어내 밝혀줌으로써 원인을 직시하고 문제를 치유할 동력을 가지게 되는 거죠. 꿈은 그런 무의식의 세계를 엿볼 수 있는 전의식의 단계와 밀접한 관련이 있다는 것입니다. 우리는 꿈을 해석함으로써 무의식에 접근할 수 있고요.

과학이 인간의 영혼까지 다루기 시작하다

현재 프로이트의 이론은 과학이 아니라는 비판을 많이 받습니다. 그의 책에는 주장이 있을 뿐, 객관적 근거나 관찰, 실험이 없다는 거예요. 과학임을 주장하지만 과학적 방법론은 아닌 거죠. 또 하나, 프로이트의 한계는 원인을 안다고 해서 문제가 해결되는 것은 아니라는 점입니다. 프로이트도 꿈은 과거를 아는 것이라고 이야기했거든요. 미래와 관계가 없는 것인데, 이런 방법론을 심리적 치료에 쓸 수 있냐는 거예요. 물론 이미 당대에 받았던 비판도 있죠. 융이 말한 "입만 열면 성이야."라는 얘기처럼 무의식을 성에 편향되어 해석한다는 겁니다.

그런데도 아무런 의미가 없거나 혹은 신의 계시처럼 영적인 영역이라고 여겨지던 인간의 꿈을 이성적으로 해석하고 과학의 틀 안에서 분석하려 했던 그의 노력은 과학의 절대성이 인간의 정신까지 본격적으로 다루기 시작했다는 일종의 신호입니다.

근대에 들어서면서 자연법칙은 물론 인간의 신체까지 과학의 눈을 적용했지만 과학적으로 도저히 접근할 수 없던 것이 인간 정신의 영역이었습니다. 정신은 영혼이라는 것을 상정하게 하고, 이것은 물질적 영역과는 다르기 때문에 종교적 영역으로 생각되는 것들입니다. 그런 인간의 정신을 무의식, 전의식, 의식이라는 세 부분으로 나누어 고찰하고, 정신을 들여다보는 창으로 꿈을 선택한 것입니다. 이제 영적인 영역도 과학이라는 조명 아래 드러나게 되는 것이죠.

물론 인간의 정신은 아직도 일종의 알고리즘이며 뇌의 네트워킹이 만들어낸 시뮬레이션이라는 식으로 논의만 분분하지 구체적으로 밝혀진 것은 별로 없습니다. 이제는 '뇌과학'이라는 이름으로 정신의 작용과 퍼포먼스들을 연구하고 있는데요, 그런데도 우리는 뇌에 대해서 알고 있는 것보다 모르고 있는 것이 더 많아요. 뇌과학을 다룬 책을 보면, 논의의 대부분이 '결국 아직은 모른다.'라는 것이거든요. 그러니까 어떤 생각이나 감정을 느낄 때는 어떤 부위가 활성화된다는 것까지는 관찰로 알 수 있는데, 그 부위가 자극받는 원인은 무엇이며 어떤 식으로 작용하는 것인지는 모르고 있어요. 만약 이런 기제를 안다면 그야말로 인간 정신을 조정할 수 있게 되겠죠.

과학의 발전 단계에서 보면 『꿈의 해석』은 과학의 시선 아래 두지 않은 것은 이제 하나도 남지 않았다는 선언과도 같은 책이라고 할 수 있습니다. 인류는 이제 과학에 모든 것을 걸게 되는 것입니다. 신이나 운명 같은 외부적 요인에 자기 자신을 맡기는 사고를 탈피하고, 온전히 인간 스스로에게 결정과 책임을 맡기는 완전한 인간 중심주의가 바로 『꿈의 해석』이라는 책에서 엿볼 수 있는 인간의 의지입니다.

MBTI 성격 유형 검사

많은 사람들이 제자로 잘못 알고 있는데 사실 융은 프로이트의 긴밀한 학문적 동지입니다. 나중에는 강하게 비판했지만요. 융은 콤플렉스라는 말을 제일 처음 제안한 사람이자, 우리나라에서 많은 사람이 추종하는 MBTI 검사의 학문적 토대를 마련한 사람이죠. 그가 쓴 『심리 유형론』에서는 인간의 성향을 몇 가지 기준으로 나누고 있어요. 하지만 그가 직접 MBTI 검사를 만든 것은 아닙니다.

MBTI는 Myers-Briggs Type Indicator를 줄인 말입니다. 마이어스-브리그스 유형 지표라고 하는데요, 작가인 캐서린 쿡 브리그스와 그녀의 딸이자 역시 작가인 이사벨 브리그스 마이어스가 함께 개발한 것이기 때문입니다. 이들은 심리학자도 아니고, 심리학을 공부한 적도 없는 소설가들이에요.

이들이 MBTI를 개발한 이유는 제2차 세계대전 때문에 산업계에 일손이 부족해지자 여성들이 직업 전선으로 동원되었는데, 그때 여성의 성격을 구분해 가장 적절한 업무를 찾아주기 위해서였다고 합니다. 현재 잔존하는 이런저런 것들의 역사를 따라가다 보면 제2차 세계대전에 얽힌 이야기들이 많은데, 제2차 세계대전은 정말 인류의 역사를 크게 바꿔놓은 사건임은 틀림없는 것 같네요.

MBTI의 문제점은 이론도, 실제도 전혀 과학적이지 않다는 것이죠. 융의 이론 역시 심리학이 근대라는 한계를 벗어나지 못할 때라 요즘의 과학적 방법론으로 연구되지 않았습니다. 프로이트가 '환자들의 꿈을 들어보니~'라고 말하는 것과 비슷하게, 융은 '환자들의 성격을 분류해 보니~' 정도로 직관적인 유형 분류를 했던 것이죠. 정확한 통계도 없습니다. 그러니 이 이론으로 실천적인 지표를 만든 MBTI는 더욱더 과학적이지 않았습니다. 소설가들이 융의 이론을 제대로 이해하지 못하고 만들었거든요. MBTI 해석에 사용되는 심리 역동 위계는 융의 해석과 거리가 있는 MBTI 개발진의 독자적인 이야기라는 비판이 이미 1960년대부터 제기되었습니다.

번외로, 개발자인 이사벨이 인종차별주의자라는 이야기도 있습니다. 마이어스-브리그스 재단이 이를 감추려고 여러 가지를 조작하고 있다는 내용의 다큐멘터리가 만들어진 적도 있죠. 미국에서 인종차별은 강력한 주홍 글씨이기 때문에 MBTI의 신뢰를 떨어뜨리는 하나의 요인이 되는 것은 맞습니다.

MBTI를 지지하는 측에서는 처음 만들어질 때 과학적인 근거가 없었던 것은 인정하지만, 몇십 년간 사용하면서 통계적으로 다듬어지고 입증된 것도 있으니 근거가 생겼다는 논리를 가지고 있습니다. 그렇지만 스마트폰 앱으로 간단히 검사하는 것만으로는 성격 유형을 측정하는 것이 불가능하고, 정식으로 검사한다고 해도 인간의 성격 스펙트럼은 그보다 더 다양하기 때문에 MBTI는 참고 자료일 뿐 절대시할 수 없다는 의견이 지배적입니다.

MBTI가 연인간의 중요한 연결 고리가 된다거나 심지어 취업할 때 참고 자료로 쓰인다는 이야기들이 있습니다. 그러나 MBTI가 그 정도의 신뢰성을 가진 테스트는 아닙니다. 재미로, 단순한 참고로 받아들여야 합니다. 이런 테스트는 자칫 자신의 행동에 대한 핑곗거리로 쓰이기 쉽거든요. 예를 들어 내면의 용기가 부족해 실행하지 못한 일을 두고, 나는 I(내향형 성격)니까 어쩔 수 없다며 책임을 전가하는 식으로 말이죠.

성격 유형은 한번쯤 자신을 점검해 보는 것이지 자신의 정체성은 아닙니다. 더더욱 자신이 되고자 원하는 사람에 대한 지표도 아닌 거죠. 원하는 성격이 있다면 그렇게 바꿔나가는 것이니까요.

제 4 장

알면 알수록
혼란스러운 과학

a Man who Wants to be a God

11. 부분적으로는 모르지만 전체적으로는 안다

베르너 하이젠베르크 『부분과 전체』

동전 던지기의 확률

"오늘도 점심을 누가 살지 동전 던지기를 해보자고."

사내 커플인 진수와 재선이는 일주일째 둘이서만 점심을 먹고 있다. 그간 사내 커플인 것을 숨기고 있다가 얼마 전에 황 과장에게 데이트하는 모습을 들켜 반강제로 알리게 된 것이다. 사실 둘이 만나는 것은 눈치 없는 황 과장을 빼고는 대부분 알고 있었지만, 모르는 척했던 것이다. 황 과장이 알게 될 정도면 회사뿐만 아니라 협력 업체 사람들도 알 정도라는 뜻이니까 더는 굳이 숨기지 않아도 되었다. 그래서 그동안 몰래 만나던 한을 풀기라도 하듯 요즘 들어 둘이 너무 붙어 다니고 있다.

"좋아. 그럼 어떤 면을 할래?"

"여태까지 월, 화, 수, 목요일엔 계속 앞면이 나왔단 말이야. 내가 또 수학에 강하잖아. 계산해 보니, 오늘까지 앞면이 나올 확률은 $\frac{1}{2} \times \frac{1}{2} \times \frac{1}{2} \times \frac{1}{2} \times \frac{1}{2} = \frac{1}{32}$야. 3% 정도에 불과하지. 그렇다면 나는 97%인 뒷면을 하겠어."

진수는 월요일부터 목요일까지 계속 져서 4일 연속 점심값을 냈기 때문에 오기가 생겨 오늘은 꼭 이겨야겠다고 생각했다. 수학에 전혀 강하지 않은 진수가 확률까지 계산하며 내기에 임하고 있을 정도로 말이다.

"좋아. 그렇게까지 이기고 싶다면야. 내가 앞면을 할게."

"그럼 던진다."

동전이 던져졌다. 꽤 높이 던져진 동전이 진수 눈에 마치 슬로 모션으로 천천히 움직이는 것처럼 보였다. 중력을 거슬러 올라가던 동전은 진수의 왼쪽 손등 위로 살포시 착지했고, 오른쪽 손으로 그 위를 잽싸게 덮었다.

"잠깐. 확인하기 전에 오빠가 4일 내내 졌으니 기회를 줄게. 지금 바꿀 수 있어. 바꿀래?"

"흐흐, 어디서 수작이야. 확률적으로 97%인 뒷면을 내가 굳이 바꿀 이유가 없잖아."

"좋아, 그럼 이제 확인해 봐."

동전을 덮고 있던 진수의 오른손이 움직이면서 동전이 드러났다.

점심 메뉴는 초밥 정식이었는데, 매우 깔끔하고 담백한 맛이었다. 나가는 길에 계산은 진수가 했다. 그래서 재선에게는 더욱 맛있는 점심이었다.

확률은 언제나 가능성만을 이야기한다

재선이는 정말 운이 좋네요. 3%의 확률로 앞면이 나오다니. 하지만 이 말에 동의하는 순간 확률에 대해서는 고등학교 때 이미 포기했다는 것을 알리는 꼴이 됩니다. 사실 진수가 금요일에 동전을 던질 때 뒷면이 나올 확률은 97%가 아닌 50%입니다.

독립사건과 종속사건으로 설명해 보겠습니다. 앞에 일어난 사건이 뒤에 일어난 사건에 영향을 주면 종속사건이고, 영향을 전혀 주지 않으면 독립사건이에요. 만약 동전 던지기가 종속사건이라면 진수의 계산이 맞지만, 사실 동전 던지기는 독립사건입니다. 그동안 무엇이 나왔든 지금 이 순간 동전을 던질 때 앞면과 뒷면의 확률은 반반인 거죠. 동전 던지기를 99번 했는데 모두 앞면이 나왔다고 해도, 100번째에 동전의 앞면이 나올 확률은 여전히 50%인 거예요. 독립사건이니까요.

이제 앞면이 나올 때가 되었다고 생각하는 것을 논리학에서는 '도박사의 오류'라고 합니다. 도박꾼들이 계속 돈을 잃게 되면 '확률상 이제 딸 때가 되었는데…' 하고 생각하는 것은 오류라는 것이죠. 앞의 판에서 일어난 사건이 다음 판의 확률에 영향을 미치지 않으니 언제나 똑같은 확률로 도박을 하게 되는 거예요.

마찬가지로 3할을 치는 프로야구선수가 타석에 섰는데 앞에서 10타석 무안타라고 하면, 해설자가 "저 선수 3할 치는 타자인데, 10타석째 무안타면 이제는 하나 칠 때가 되었습니다."라고 말하는 것도 역시 오류가 되겠죠. 이 타자가 3할이라는 얘기는 이 타자가 안타를 칠 확률이 30%라는 얘기예요.

확률이 말하는 것은 언제나 가능성입니다. 어떤 사건이 확률적으로 제시되면 그 사건이 '반드시' 일어나는 일은 없습니다. 일어날 가능성이 높을 수는 있겠죠. 그래서 확률을 가지고 확실하게 어떤 결정을 하기 힘들어요.

만약 비가 내릴 확률이 50%라면 우산을 챙겨야 할까요, 말아야 할까요? 50%의 확률이라는 것은 동전 던지기를 통해서 결정하는 것이나 마찬가지입니다. 그러면 비가 내릴 확률이 90%라면요? 이런 날은 우산을 들고 나가는 것이 맞겠죠. 하지만 기껏 우산을 들고 다녔는데, 끝까지 비가 안 왔다면 기상청은 틀린 예보를 한 걸까요? 그렇지 않습니다. 확률이니까요. 90%의 확률로 비가 내린다는 이야기는, 10%는 안 올 수도 있다고 말하는 것이고, 실제로 10%의 확률이 실현된 것뿐입니다. 만약 기상청에서 "내일은 비가 오겠습니다."라고 했는데 비가 내리지 않았다면 그건 틀린 말을 한 것이죠. 하지만 "내일 비가 올 확률이 99%입니다."라고 말했다면 비가 오지 않더라도 아주 틀린 말은 아닌 거예요. 비가 내리지 않을 1%의 가능성을 가지고 있으니까요.

확률적으로 이야기하는 것은 안전한 선택인 것 같습니다. 단정적인 예측보다는 확률적인 예측은 늘 빠져나갈 구멍이 있는 것이니까요. 하지만 정보 면에서는 확률적인 정보보다 단정적인 정보가 더 가치 있습니다. '총리가 내일 국회에서 연설할 것'이라는 정보와 '총리가 내일 국회에서 연설할 확률은 52%'라는 정보 중에서 조금 더 가치 있는 것은 전자겠죠. 결정론적인 정보가 확률론적인 정보보다 더 유용하다는 것입니다.

결정론적 세계관과 라플라스의 악마

양자론이 나오기 이전의 세상은 결정론적 세상이었어요. 인과관계가 확실하기 때문에, 원인을 알면 결과를 예측할 수 있습니다. 다만 세상이 복잡해지면서 어떤 사건의 원인이 되는 일이 매우 다양하게 복합되어서 결과 예측이 힘들 수는 있습니다. 하지만 그렇게 되는 이유는 인과관계가 불투명해서가 아니라, 원인이 되는 사건을 미처 계산하지 못하거나 염두에 두지 못해서 그런 것일 뿐, 모든 원인을 다 안다면 결과는 충분히 예상할 수 있거든요.

수학자이자 천문학자인 피에르 시몽 라플라스는 자신의 에세이에서 "우주에 있는 모든 원자의 정확한 위치와 운동량을 알고 있는 존재가 있다면, 이것은 뉴턴의 운동 법칙을 이용해 과거, 현재의 모든 현상을 설명해 주고 미래까지 예언할 수 있다."라고 주장했어요.

원인을 정확하게 알고 있으면 결과까지 정확하게 예측할 수 있다는 것입니다. 이를 결정론적 세계관이라고 해요. 인과율이 지배해서 인과가 분명한 세상이죠. 나중에 사람들이 라플라스의 이야기를 보고 '현재에 대한 모든 것을 알고, 그것을 통해 과거와 미래를 완벽하게 유추하는 존재'를 상정한 다음에 그 존재를 '라플라스의 악마'라고 불렀어요.

과학에 대한 믿음과 기대가 커질수록 심지어 인간의 영혼조차도 과학으로 분석하고 판단하려는 것이 근대에 이르러 시대적 대세가 됩니다. 과학으로 모든 것을 알 수 있고 예측할 수 있다는 것은 과학자들의 당연한 믿음이었어요. 라플라스의 악마는 이런 결정론적 세계관의 끝판왕인 거죠. 결정론적 세계관에서는 모든 원인을 계산 요인에 넣을 수 있고 우리는 미래의 모습을 100% 예측할 수 있는 겁니다.

마지막 결정론자이지만 양자역학에서 중요한 위치를 차지하는 사람

하지만 세상이 그렇게 호락호락하지는 않죠. 뉴턴으로 인해 결정론적 세계관이 확립되는가 싶었는데 과학이 조금 더 발달하니까 그렇지 않은 현상들이 관찰되기 시작했어요. 사실 인과율을 벗어난 듯한 결과들은 보통 눈으로 볼 수 없는 미시적 세계에서 많이 생깁니다. 미시적 세계를 관찰할 수 있는 기구들이 없던 뉴턴 때만 해도 결정론을 벗어나는 사건은 없었던 거죠. 그런데 눈으로 관찰할 수 없던 세계가 관찰되면서, 결정론적 세계관으로는 포박할 수 없는 새로운 현상들이 보이기 시작한 것입니다.

그런 현상들을 설명하기 위해 고개를 든 것이 바로 양자역학입니다. 기본적으로 양자역학은 원자 단위 아래의 미시 세계에서 일어나는 현상을 연구하는 학문이에요. 원자도 작은 단위인데, 그 아랫단을 연구하니 그전의 관측기구로는 접근할 수 없었던 거죠.

그래서 양자역학이 처음 등장했을 때는 과학자의 반대도 많았습니다. 과학의 이상은 모든 것을 인간 인식의 영역으로 끌어올리는 것이거든요. 우리가 모를 뿐, 실제로 모든 자연의 일들은 인과 아래에서 일어나고 있다는 것이죠. 알베르트 아인슈타인이 평생 꿈꾸던 것은 '통일장이론'을 찾는 일이었어요. 자연계에 존재하는 4대 힘이 중력, 전자기력, 강한 핵력, 약한 핵력이거든요.

이 힘들을 한꺼번에 표현할 수 있는 식이 통일장이론이죠. 모든 자연법칙을 설명할 수 있는 가장 강력한 하나의 이론을 찾겠다는 것은 그야말로 결정론의 결정체 같은 생각입니다.

'아인슈타인은 양자역학을 하던 사람 아닌가?'라고 의아해할 수 있는데요, 아인슈타인은 결정론의 신봉자였습니다. 뉴턴 주의자예요. 그가 한 유명한 말이 있죠. "신은 주사위 놀음을 하지 않는다." 이 말은 '세계는 확률론으로 돌아가지는 않는다'는 얘기거든요. 다만 아인슈타인이 결정론을 증명하기 위해서 제안한 이론이나 내용들이 나중에 보니까 오히려 양자역학을 증명하는데 도움이 되는 경우들이 종종 있어서, 아인슈타인과 양자역학을 연관 지어 생각하는 사람들이 많은 것이죠.

예를 들어 아인슈타인은 우주의 상태를 기술하는 우주 모형을 제시합니다. 이때만 해도 결정론적 세계관에서는 우주는 이미 완성이 된 것이기 때문에 변함이 없어야 해요. 하지만 아인슈타인의 계산에 의하면 이상하게 우주가 움직이는 거죠. 그래서 우주가 정적인 상태를 유지한다는 가정을 검증하기 위해 자신의 우주 모형에 상수를 하나 설정해서 우주를 고정해요. 그런데 얼마 지나지 않아 허블우주망원경이 등장했고 우주가 팽창하고 있다는 사실이 밝혀지게 됩니다. 우주가 고정되어 있다고 주장한 아인슈타인 입장에서는 머쓱해진 사건이죠. 놀라운 점은 아인슈타인의 우주 모형에서 억지로 끼워 넣었던 우주 상수를 제거하니까, 에드윈 허블과 조르주 르메르트가 처음 발견한 우주가 팽창한다는 현상에 맞는 거예요. 그래서 아인슈타인을 천재라고 하는 거죠.

공존하는 두 개의 세계

세계가 결정론 아래에 있지 않고 확률적으로 존재한다고 이야기하는 것이 양자역학입니다. 결정론적 세계관에서는 사물이나 사람이나 미래가 정해져 있고, 가야 하는 길이 있습니다. 어떤 발버둥을 치더라도 그 인과율에서 벗어나지 못하죠. 다른 말로 운명이라고 합니다. 이런 세계에서는 운명을 바꾸기보다 운명을 알기 위해 노력하는 거죠.

확률론적 세계에서는 반드시 정해진 것이라고는 없습니다. 작은 선택이나 초기 조건의 변동에 의해 미래의 결과가 크게 뒤바뀝니다. 이런 세계에서는 운명이라는 굴레에 굴복하지 않고 끊임없이 자신의 미래를 더 나아지게 하기 위해 노력하죠.

영화나 드라마를 보면 타임머신을 타고 과거로 돌아가서 원인을 바꿨는데도 현재 상황이 항상 비슷하게 흘러가는 경우들이 있지만, 현재가 확 바뀌는 두 가지 경우가 공존합니다. 예를 들어 마블 유니버스에서 〈어벤져스〉 멤버들이 타노스와 맞서 싸우잖아요. 그런데 시간을 조절하는 마법사 닥터 스트레인지가 타노스와 결투하다가, 앞으로 펼쳐질 1,400만 개의 미래를 보고 와서 타노스를 이길 단 하나의 미래를 위해 스스로 희생하는 선택을 하거든요. 그렇다는 얘기는 지금의 선택에 의해 미래가 바뀔 수 있다는 얘기입니다. 확률론적 세계죠.

그런데 같은 마블 유니버스의 애니메이션 시리즈 〈왓 이프…?〉에서는 닥터 스트레인지가 연인인 팔머 박사의 죽음을 막기 위해 계속 과거로 가서 사건을 바꾸는데, 결론적으로는 늘 팔머 박사가 죽어요. 이것이 결정론적 세계관입니다. 죽을 운명인 사람은 어떻게든 죽게 된다는 것이니까요.

같은 세계관 안에서도 이렇게 결정론과 확률론이 공존합니다. 현재를 사는 우리만 해도 누가 사주를 봐주고, 궁합을 봐주면 은근히 신경이 쓰이거든요. 좋은 이야기를 들으면 믿기도 하고요. 그런데 나의 운명은 이미 결정되어 있고, 무슨 짓을 하든 어차피 그 운명대로 살게 될 것이라고 생각하는 사람은 그리 많지 않을 겁니다. 그럼 이렇게 열심히 살 필요가 없죠. 어차피 부자가 될 사람은 부자가 될 거니까요. 우리 역시 확률론과 결정론을 적절히 섞어서 받아들이고 있는 거예요.

타고난 신분이나 운명에 굴복하지 않고 신분적 자유, 정치적 자유를 추구한 것이 프랑스 대혁명 이후에 사회적으로 나타난 현상이었죠. 과학이 뒤늦게나마 운명의 부당성에 대해 이론적으

178

로 뒷받침한 것이 양자역학이에요. 양자역학을 연구한 대표적인 인물이 베르너 하이젠베르크입니다. 양자역학을 창시한 공로로 노벨 물리학상을 받았어요.

양자역학책을 우리가 이해하는 것은 쉽지 않아요. 물리학자들도 "양자역학을 이해한다는 사람이 있으면 거짓말이다."라고 말할 정도로 양자역학은 어려운 이론입니다. 그나마 하이젠베르크의 『부분과 전체』라는 책은 읽어볼 만합니다. 양자역학 이론서라기보다 하이젠베르크가 양자역학에 빠지기까지의 과정을 기술한 책이어서 전기적인 측면도 있고, 스토리텔링도 있거든요.

동네 친구들의 양자론 이야기

『부분과 전체』를 처음 접할 때는 물리학자의 양자역학 이야기라는 선입견 때문에 어려운 줄 알았거든요. 아닙니다. 그냥 어려운 게 아니라 너무 어렵더라고요. 일상적인 이야기를 전개하다가 갑자기 입자에 대해 말하기도 하고, 스키를 타러 간 산장에서 눈사태를 만나 죽을 고비를 넘긴 다음 날 반물질에 관해 토론했다고 이야기하는 책입니다. 읽을 만하다가 어려워지고, 전혀 모르겠다가도 같이 생각해 볼 내용이 나오기도 하는, 마치 롤러코스터를 타는 것 같은 책입니다.

이 책은 과학책 중에서 고전으로 꼽힙니다. 서울대학교 입시를 준비하는 학생들이 많이 읽은 책 20위 안에 드는 책으로도 유명합니다. 그만큼 널리 알려져 있고, 많이 인용되기도 하죠. 이 책의 3/4가량은 양자역학으로 구성되어 있고, 1/4 정도는 자신의 신상과 선택에 대한 이야기로 구성되어 있는데요, 청년 시절에 이론물리학 분야로 진로를 정한 이야기부터 시작해 이후 세계대전 후의 상황까지 연대기로 흘러갑니다. 하이젠베르크의 인생을 어느 정도 따라가게 되죠. 하지만 의도적이든 아니든 그는 자신의 인생을 완전히 드러내지 않습니다. 친구들과 산장에 가서 논쟁을 벌였다가 갑자기 미국에서 아는 친구를 만났다고 하는 식이에요. 그 친구들이 우리도 잘 아는 물리학의 대가 막스 플랑크, 알베르트 아인슈타인, 닐스 보어 같은 사람들이고 대부분 노벨상 하나쯤은 탄 인물들이라 그들이 나눈 대화가 심상치 않은 거죠. 구경하기 좋은 관광지나 맛있는 와인에 대해 떠든 게 아니라 양자역학의 발전 과정에 있는 이론들을 이야기했거든요. 이것을 물리적으로만 따라가는 것이 아니라 철학, 언어학, 종교, 생물, 역사 등 다양한 주제와 연결하기도 합니다.

지혜를 잃고 지식만 쌓이는 이유

그래서 『부분과 전체』를 단순히 물리학책으로만 보기에는 무리가 있어요. 사실 고대 그리스 시절에는 학문이 분절되지 않았고 모두 연결되어 종합적이었죠. 그 시절에는 지혜가 있었습니다. 하지만 18~19세기에 접어들면서 문과, 이과처럼 학문이 세분되며 분과 학문이 되거든요. 그 후로는 각 분야의 세세한 지식만 쌓여가지, 그 학문을 종합적으로 볼 수 있는 지혜를 잃어버리게 되었어요. 지금의 대학 교육이 점점 현실과 유리되어 가는 이유이기도 합니다.

지금의 현실은 IT 개발자가 인문학에 대해서 알면 좋고, 언어 전공자가 코딩을 배우면 더 유리합니다. 기술과 사회는 점점 복합적, 그리고 융합적으로 변하고 있어요. 한 분야만 통달한 기술자의 위치로는 그 분야를 대체하는 AI의 수준을 따르기가 힘들어지고 있죠. 그래서 한 분야에 다른 분야를 창의적으로 결합하고 섞을 수 있는 인간의 영역이 더 필요해지거든요. 분과 학문은 이와 반대로 융합적인 것을 더 분절하여 만드는 것이니, 지금의 현실과 맞지 않습니다. 그래서 우리는 아직도 '지식'이 아닌 '지혜'를 찾을 때 공자나 소크라테스로 거슬러 올라가고 있는 것입니다. 과거에는 모든 학문이 종합적으로 존재했기 때문에 그것들을 꿰는 지혜 역시 발달했으니까요.

양자역학은 세분된 입자보다 더 작은 단위의 세계를 연구하니까 매우 분절적으로 세계를 보는 것 같지만, 사실 그런 세계관이 전체적인 거시적 세계상에 맞닿아 있습니다. 양극단은 서로 통한다는 얘기랄까요. 이 책의 제목이 『부분과 전체』인 이유도 그런 것이 아닐까 합니다.

제목이 '부분과 전체'인 이유

『부분과 전체』를 보면 기존의 전통적인 고전역학과 다른 양자역학의 태동기에서부터 그것이 실제 응용되어 핵폭탄이나 핵의 발전까지 이어지는 시기의 논의가 어떻게 이뤄지는지 전개 과정을 알 수 있어요.

기존 물리학은 인과가 분명한 세계입니다. 'F = ma'라고 하면 초기 조건에서 질량과 가속도만 정확히 알면 분명하게 F(Force, 힘)를 계산할 수 있거든요. 하지만 사실 이런 기존의 고전 역학도 정확할 수가 없습니다. m(mass, 질량)은 고도에 따라 다르고요, a(acceleration, 가속도) 역시 일정할 수 없어요. 항상 일정한 초기 조건은 상상 속에서나 존재하지 현실에서는 불가능하므로, 우리가 확실하게 F를 알 것이라는 확신은 자신감일 뿐 실제는 아닌 거죠.

더 작은 양자의 세계로 가면 이런 불확실성은 더욱 커집니다. 위치와 운동량을 동시에, 정확하게 측정하는 것은 절대 불가능하다고 주장한 하이젠베르크는 바로 '불확정성의 원리'의 틀을 처음 잡은 사람으로, 결국 양자역학이라는 학문을 창시한 사람으로 인정받게 됩니다.

'부분과 전체'라는 제목도 그렇습니다. 물리학 현상뿐만 아니라 우리 인생도 마찬가지로 전체적으로 보면 통계적으로 이야기할 수 있어도 부분적으로 그 다양성은 헤아릴 수 없다는 것이죠. 예를 들어 강물은 한 방향으로 흐르지만 그건 전체적으로 보아 통계적인 움직임일 뿐이고, 강물의 입자적 움직임을 구체적으로 보면 그야말로 제각각 전후좌우로 움직이고 있거든요. 개별적인 움직임에 대해서는 전혀 모르는 것이고 짐작조차 할 수 없습니다. 다만 거시적으로 보면 상류에서 하류로 흐르고 있다는 것이죠.

인간의 삶에 적용해 보면 전체적인 흐름을 개인에게 똑같이 강요할 수는 없겠죠. 모두 다 아래로 흐르니까 당신도 아래로 흘러야 한다는 것은 일방적인 폭력일 수 있는 거고요. 양자역학을 알면 알수록 인생과 여러 철학에 대해 같이 고민해 볼 수밖에 없다는 생각이 들어요.

과학자의 현실 참여

한 가지 결이 다른 이야기를 해보자면, 이 책을 읽으면서 묘한 기분이 들었어요. 과학자의 현실 참여에 대해 생각해 보게 되더군요. 제2차 세계대전의 막바지에 양자역학의 발견이 이루어지면서 핵폭탄이 만들어질 수 있다는 가능성이 등장합니다. 독일 사람인 하이젠베르크는 히틀러에게 이용당하지 말고 미국으로 망명하라는 주위의 권유를 받아들이지 않고 끝까지 독일에 남아요. 전쟁 후 독일의 과학을 재건하는 일을 해야 한다면서요. 그러면서 독일 연구소에 끌려가 연구를 계속하게 됩니다. 핵폭탄은 아니지만, 핵분열을 이용한 핵 발전에 대해 연구하는 거죠. 핵폭탄은 이론적으론 만들 수 있지만 비용 문제 때문에 현실적으로 불가능하다는 의견을 개진해서 결국 나치가 핵폭탄을 포기했다고도 이야기해요.

그런데 저는 이게 진실일지 의문이 들었거든요. 자기변명일지도 모르니까요. 전쟁 이후에 쓴 책이니 당연히 전쟁에 협력했다고 쓸 수 없잖아요. 과연, 나중의 기록 중에 하이젠베르크의 입장과 다른 관점을 가진 것들이 있더라고요. 과학자들이 늘 하는 말이 있죠. 과학이나 기술은 정치 중립적이고, 그것을 이용하는 인간들이 문제라고요. 그 말에 대해 다시 한번 생각해 보게 되었습니다.

양자역학을 연구하는 사람들은 처음부터 그것이 핵폭탄으로 연결될 가능성이 있다는 것을 알았어요. 하지만 과학의 발전과 그것을 연구하는 것은 별개의 문제라는 태도로 연구를 진행해서, 실제 핵폭탄이 전쟁에 사용되는 일이 벌어지죠. 결국 승리자 측에서 사용했기 때문에 핵폭탄 사용에 대한 전범 재판은 열릴 수 없었지만, 모든 걸 알면서도 자신은 연구만 할 뿐 사용을 결정하는 건 자기 역할이 아니라고 말하는 과학자는 책임이 정말 없는 것일까요? 별의별 기술들이 발전하는 요즘, 그런 기술들에 제동을 걸고 옳은 일인가 생각해 볼 주체는 누구여야 할까요?

인류에게 겸손함을 주는 확률론

다시 확률론적 세계에 대한 이야기로 돌아와 보죠. 어느새 우리는 확률론의 세계에 살고 있습니다. 나의 선택과 현재의 노력으로 자신의 미래가 얼마든지 바뀔 수 있다는 믿음은 현실을 살아가는 동력이 되니까요. 하지만 결정론과 공존하는 것도 맞아요. 예를 들어보죠.

고등학교 교과서에서 원자모형을 보신 적이 있을 겁니다. 다음 두 개의 원자모형 중 어떤 것이 더 친숙하신가요?

왼쪽에 있는 러더퍼드 모형은 결정론적 세계에서의 원자모

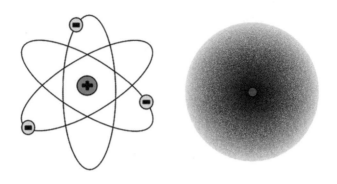

형입니다. 원자를 둘러싸고 있는 전자들의 위치가 비교적 분명하게 드러나요. 오른쪽에 있는 원자모형은 확률론적 세계의 원자모형입니다. 전자가 구름같이 많은 게 아니에요. 전자의 수는 똑같아요. 다만 전자가 있을 확률이 높은 위치를 구름처럼 나타낸 거예요. 그래서 이름도 전자구름 모형이에요.

왼쪽 모형을 학교에서 원자모형으로 배운 분들이 있을 텐데요, 그만큼 우리의 세계가 결정론적 세계관에 아직도 굉장한 지배를 받고 있다는 얘기예요. 결정론적 세계는 운명에 지배받는 인간상을 만들지만, 다른 한편으론 과학이라는 무기로 모든 것을 예측하고 컨트롤할 수 있는 강력한 인간상을 동시에 만듭니다. 자연의 지배자죠.

하지만 확률론적 세계에서 인간은 아무리 과학이 발달해도 자연을 완전히 지배할 수 없습니다. 자신의 인생조차 어떻게 될지 전혀 모르는데 자연 앞에 겸손해질 수밖에 없죠. 중세 시대 신이 차지하는 위치를 과학이 잠시나마 차지하게 된 시간이 결정론의 시대인데요, 1900년대에 들어서 부각된 확률론의 관점을 통해 과학도 신의 대안이 될 수 없다는 것을 깨닫게 되는 거예요. 절대적 진리라고 믿었던 과학 역시 절대적 진리가 아닐 수도 있겠다고 깨닫게 되는 거죠. 사실 양자역학의 논의는 우리가 절대적 진리를 모른다는 것이 아니라 절대적 진리 따위는 없다는 얘기이긴 하지만요.

어쨌든 양자역학은 과학으로 인해 자신감을 넘어 오만함까지 가지게 되는 인간의 한계를 분명히 보여주는 소중한 경고예요. 환경 문제를 기술로 해결할 수 있다는 결정론적 과학 지상주의자들에게, 코로나처럼 갑자기 튀어나오는 예상하지 못한 사건들은 '인간이 자연을 컨트롤할 수 없는 건가?' 하는 의구심을 주거든요. 지구를 위해서도, 지구상에 살아가는 전 생태계를 위해서도 인간에게는 그런 겸손함이 필요한 때가 아닐까요?

12. 과학은 진실이지만
진리는 아니다

토머스 쿤 『과학혁명의 구조』

무지에 호소하는 오류

"갈 선생, 그건 너무 간단하잖아요. 그게 굴곡처럼 보이지만 사실은 그 전체를 투명한 막이 채워주고 있어서 결과적으로는 평평한 게 맞아요."

달은 평평했다. 아니, 평평해야 했다. 인간의 눈으로 보기에 평평한 모습이다 보니 모든 진리에 통달한 아리스토텔레스가 했던 가정인, 천상의 물체들은 모두 완벽한 형태인 구형의 모양으로 존재해야 했기 때문이다. 그런데 갈릴레이라는 작자가 성능 좋은 망원경을 만들어낸 뒤, 그것으로 달을 관찰하고 달의 표면은 사실 수많은 크레이터로 울퉁불퉁하다는 보고를 한 것이다.

세계의 학자(라고 하지만 엄밀히 말하면 유럽의 학자)들은 아리스토텔레스의 가정을 깨는 이런 결과를 용납할 수 없었다. 달의 크레이터 위에는 보이지도 만질 수도 없는 에테르라는 물질이 덮여 있어서 눈으로 보기엔 울퉁불퉁하지만 사실 매끈한 구형의 곡면을 유지한다고 반론을 펼친 것이다.

"좋습니다. 제가 미처 에테르의 존재는 생각하지 못했네요. 여러분의 의견대로 달은 에테르로 덮여 있는 것이 맞습니다."

과학자들은 당황했다. 고집이 세기로 유명한 갈릴레이가 저렇게 순순히 자신의 과학을 부정하다니, 꿍꿍이가 있는 게 아닐까? 아니나 다를까, 갈릴레이는 이렇게 말했다.

"그런데 그 에테르가 평평한 모양이 아니라 높은 산꼭대기 모양으로 솟아 있어서 우리가 눈으로 보는 것보다 더 울퉁불퉁합니다."

"그걸 증명할 수 있나요? 눈으로 보이지 않는데요?"

"그럼 당신들이 말한 '눈에 보이지 않는 에테르로 덮여서 평평하다'는 주장은 증명할 수 있나요?"

Ad Hoc 가설

'Ad Hoc'이라는 가설이 있습니다. 라틴어로 '이것에 대해서'라는 뜻입니다. '이것에 대해서 한 말씀 드리자면~'이라는 뜻으로 이해하면 조금 더 정확합니다. 어떤 주장이나 이론이 옳은 것이라고 처음 제시되면, 그 이후에 펼쳐지는 어떤 반론에 대해서도 그럴듯한 가설을 계속 제기하면서 처음의 주장을 고수하는 것을 말합니다.

『코스모스』로 유명한 칼 세이건이 반과학적 주장들에 대해 냉철한 고발과 경고를 담은 책을 출판한 적이 있어요. 바로『악령이 출몰하는 세상』입니다. 거기에 '내 차고 안의 용'이라는 개념이 나오거든요. 누군가 내 차고 안에 용이 살고 있다고 이야기해요. 그러자 사람들이 보여달라고 요구하죠. 그러면 이렇게 답을 합니다. "좋습니다. 보여드릴 텐데, 다만 이 용은 사람들 눈에 보이지 않습니다."

다시 사람들이 얘기하죠. "그러면 바닥에 밀가루 같은 것을 뿌려서 용의 발자국을 보면 어떨까요?" 그러자 다시 용의 주인은 말하죠. "너무 좋은 생각인데, 이 용은 걷지 않고 공중에 떠다닙니다." 사람들은 포기하지 않습니다. "그러면 스프레이 페인트를 뿌려서 용의 형체를 보이게 하는 것은 어떨까요?" 용의 주인역시 포기하지 않죠. "안타깝게도 이 용은 형체가 없어서 스프레이 페인트가 묻지 않아요."

"그럼 적외선 탐지기로 용이 내뿜는 불의 열을 감지해 봅시다.", "정말 안타깝네요. 이 용이 뿜는 불은 열이 없어요." 이쯤 되면 어떤 생각이 드나요? 보이지 않고 형체가 없으며 열도 없는 용과, 용이라는 실체가 없는 것은 어떤 차이가 있을까요?

세이건은 미신이나 음모론 등이 만연한 세상을 보여주기 위해 이런 비유를 썼습니다만, 이런 Ad Hoc 가설은 과학에서도 빈번히 쓰였습니다. 현재 과학 수준으로 보면 말도 안 되는 주장이 제시되는데, 애초에 한번 인정받으면 여러 가지 억지스러운 가설을 덧붙이면서 그 주장의 원안을 고수하는 것이죠. 앞에 예를 들었던 갈릴레이 반론자들의 경우도 마찬가지입니다. 아리스토텔레스라는 위대한 학자의 이론을 고수하기 위해서 당대의 똑똑한 과학자들이 에테르 가설을 주장한 거예요.

과학도 주관적이다

중세는 신의 시대였습니다. 종교가 대중의 생활과 생각에 큰 영향을 미쳤기 때문에 비합리적인 것도 '믿음'이라는 이름으로 받아들였습니다. 근대가 되면서 신은 자신의 절대적인 지위를 과학에 내주게 되죠. 과학은 객관적인 진리를 발견하게 해주는 도구이기 때문에, 인간은 비로소 이성과 합리성을 앞세워 스스로 주인이 된 생활을 하게 된 거예요. 그런데 말입니다, 과연 그럴까요? 과학은 빼도 박도 못하는 객관적인 진리가 맞을까요? Ad Hoc 가설에 부합하는 여러 사례들을 보면 과학 역시 객관적인 진리가 아닐 수도 있다는 생각이 들 수밖에 없거든요.

이렇게 과학은 사실은 상대적이며 어떤 면에서는 믿음과 비슷하다고 주장한 책이 있습니다. 아마 '패러다임'이라는 용어는 다들 들어보셨을 텐데요, 원래 사례, 본보기 등을 뜻하는 이 말을 오늘날 우리가 알고 있는 개념으로 새롭게 제시한 책입니다. 과학에 대한 절대적인 신뢰를 처음으로 깬 책이라고 할 수도 있어요. 바로 토머스 쿤의 『과학혁명의 구조』입니다.

이 책의 핵심은 간단합니다. 과학은 '정상과학' 상태에서 '정상과학의 위기'를 거쳐, '패러다임이 이동하는 단계'를 거쳐, 다시 '정상과학'으로 자리 잡는 식으로 발전해 왔다는 겁니다. 그러니까 『과학혁명의 구조』는 제목 그대로 과학혁명이 어떤 과정을 거쳐서 일어나는가를 분석한 책입니다.

예를 들어보겠습니다. 모든 사람이 아는 평범한 이론이 있어요. '지구는 평평하다'가 당대 사람들이 믿었던 진리입니다. 그런데 가끔 지구가 평평하다고 하기엔 이상 현상이 발견되기도 하거든요. 바다의 가장 먼 곳까지 가봤는데 사람이 안 떨어지는 겁니다. 하지만 지구가 평평하다고 굳게 믿는 시기에는 이런 이상 현상은 무시되거나 '지구가 워낙 넓기 때문에 더 나아가야 땅의 끝을 만날 수 있다'는 말로 설명되어 버려요. 이것을 정상과학 단계라고 불러요. 이때 지구가 평평하다고 사람들이 믿는 이 과학적 믿음의 체계, 시대의 상식을 패러다임이라고 합니다.

이후 항해술이 발달해 그 이상의 항해를 할 수 있게 되자, 지구가 평평한 것이 아닐 수도 있다는 의심이 점점 힘을 얻기 시작해요. 처음에는 이런 의견들이 무시되었지만, 지구가 평평하지 않다는 증거들이 점점 발견되면서 정상과학은 위기를 맞게 됩니다.

이런 위기들이 쌓이기 시작하면서 어떤 이론이 대안이 될 것인지 경쟁하게 되는데, 대안이 될 수 있는 이론 중에 당대의 과학자들이 가장 많이 지지하는 게 새로운 패러다임이 되는 거죠. 그것이 '지구는 둥글다.'라는 이론이라면 이제부터 과거의 지구가 평평하다고 주장할 때 쓰였던 증거들은 빠른 속도로 폐기되고, 지구가 둥글다는 이론을 뒷받침하는 증거가 쌓이게 됩니다. 지구가 둥근데 왜 사람이 떨어지지 않을까 설명해야 하잖아요. 지구가 평평하다고 할 때는 설명할 필요가 없는 현상이었죠.

'만유인력' 같은 이론들이 쌓이면서 지구가 둥글다는 이론을 더욱 견고하게 합니다. 이렇게 여러 이론과 증거들에 의해 새로운 패러다임은 당대의 정상과학으로 완전히 자리를 잡는 거예요. 그리고 세월이 흘러 지구가 과연 둥근가라는 의문이 들기 시작하면 또 다른 대안이 등장할 수도 있죠.

『과학혁명의 구조』는 20세기 이후 인류에게 가장 큰 영향을 끼친 책 중 하나입니다. 이 책은 과학의 발전 단계가 어떻게 이루어졌는지 설명하는 책이지만, 이 책의 진정한 의미는 '과학의 절대성을 깼다'는 데 있습니다. 이 책 이전까지 과학은 절대적 진리라고 여겨졌고, 과학의 발달은 선형적인 진보의 과정이라고 생각했어요. 하지만 이 책이 나온 후 과학은 당대 과학자들의 믿음의 결과였다는 것을 깨닫게 된 거예요. 과학자들의 연구 결과에 따라 과학 이론이 흘러간 게 아니라, 어떤 이론이 대세가 되면 그 대세에 맞춰 과학자들이 연구를 해왔던 거죠.

심하게 비유하면 음모론도 비슷합니다. 어떤 강력한 음모론이 제기되면 아무리 아니라는 증거가 제시되어도, 그 증거들조차 모두 음모론 안에서 설명해 버리죠. 이미 음모론 속에 들어온 사람들은 자신이 과학적이고 합리적인 증명을 한다고 생각하지만, 믿음의 체계이기 때문에 믿음대로 움직이는 겁니다.

과학도 믿음의 체계인가

과학 역시 이런 식으로 움직인 결과라고 생각하면 과학은 절대적 진리일 수 없는 거죠. 과학사에서 '플로지스톤'이라는, 물체의 연소를 설명하기 위한 이론이 있었어요. 지금은 연소가 급격한 산화반응이라는 것을 초등학교에서도 배우지만, 18세기만 해도 도대체 왜 물체가 타며 어떤 물체는 잘 타고 어떤 물체는 타지 않는지 제대로 설명할 수 없었습니다. 그래서 플로지스톤이라는 물질을 상정하고 연소를 설명해요. 한 물체에서 이 플로지스톤이 빠져나가는 현상이 바로 연소라는 겁니다. 그래서 이 물질을 많이 함유한 물체는 불에 잘 타고, 이 물질이 다 빠져나간 물체는 불에 타지 않는 겁니다. 현재의 기준으로 본다면 말도 안 되는 소리라고 생각할 수 있지만, 당대에는 이게 과학이었고 진리였습니다.

이 이론을 지키기 위해 과학자들은 연구하고 실험하고 증명했어요. 이 이론이 사실이라면, 물체가 타고 나면 물질이 빠져나갔기 때문에 무게가 줄어야 하잖아요. 그런데 종이는 무게가 줄었지만 금속은 타고 나서 오히려 무게가 늘었어요. 이를 설명하기 위해 나중에는 플로지스톤에는 마이너스 질량이 있다는 가설까지 등장해요. 그러니까 플로지스톤이 함유되어 있으면 원래의 질량보다 덜 나간다는 얘기죠. 정말 이런 물질이 있다면 그야말로 먹는 다이어트 약으로 제격이겠네요. 음의 질량이니 먹을수록 무게가 덜 나가게 되는 거잖아요. 과학사에 멀쩡하게 존재하는 플로지스톤 이론의 논쟁 과정을 보면 결국 과학도 일종의 믿음 체계라는 것을 알 수 있습니다.

과학도 상대적이다

그리고 또 하나, 과학의 발전은 선형적이지 않다는 것도 알수 있죠. 쿤이 이야기한 과학의 발전 단계를 보면, 앞선 이론을 바탕으로 더 발전된 이론으로 나아간다기보다 그야말로 혁명적으로 새로운 이론이 기존 이론을 대체하는 거예요. 그러니까 발전과 진보라는 개념도 깨지게 됩니다.

예를 들어 고려 왕조가 끝나고 조선 왕조가 시작되었는데 그것을 발전이라고만 생각할 수는 없잖아요. 새로운 왕조가 대체한 것일 뿐입니다. 그러니 과학은 진리고, 그것은 진보한다는 일반적인 믿음을 산산조각 낸 것이 바로 『과학혁명의 구조』예요. 그래서 패러다임은 진리가 아니라 당대 사람들이 인정하는 믿음의 틀인 것뿐이죠.

『과학혁명의 구조』는 절대적 진리의 영역이라고 생각하는 과학조차 사실은 상대적인 이론일 뿐이라는 것을 말하고 있어요. 그래서 이 틀은 과학을 넘어 우리의 모든 이론이나 생각에 영향을 미치게 됩니다. 과학조차 그러니 문화, 윤리, 도덕처럼 정신적 부분은 더더욱 절대성을 가질 수 없죠. 즉 이 책은 20세기 이후 이루어지는 모든 상대적인 생각에 영향을 미친 거예요. 이 책이 20세기의 가장 중요한 저작 중 하나인 것은 그런 이유에서입니다.

13. 절대성의 마지막 보루까지
무너지다

스티븐 호킹 『시간의 역사』

그와 그녀의 10년 만의 만남

"이게 얼마 만이야?"

"글쎄, 한 10년 만인가?"

"성공했네."

"성공은 뭐… 그냥 작게 사업 시작한 게 요즘 들어 자리 잡은 것뿐이지."

영훈은 아무리 봐도 시은의 성공이 믿기지 않았다.

10년 전 대기업 과장이던 영훈과 중소기업 대리였던 시은은 거래처 실무자로 처음 만나 관계를 발전시키던 사이였다.

일한다는 핑계로 업무 시간에 간혹 만났는데, 점점 업무 외의 시간에도 종종 만나게 되었다.

　호감에서 연인 사이로 가기 위해 둘 중 누군가의 고백이 필요한 시점에, 회사 일이 바빠진 영훈은 시은과의 연락을 점점 피했다. 사실 영훈은 중소기업에 다니는 시은의 집안 사정이 그다지 좋지 못한 것을 알게 되면서 결혼까지 생각하기에는 부담스러워진 것이었다.

　연락이 뜸해지면서 자연스럽게 '썸'은 끝났고 그 후로 연락이 닿지 않았는데, 지금 영훈과 시은은 대기업 부장과 중소기업의 대표로 다시 만나게 된 것이다. 게다가 시은의 회사는 최근 언론에도 종종 소개되는 주목받는 회사였다. 영훈의 회사가 새로 진출하는 분야에서 필요한 기술을 확보하고자 시은의 회사에 협력을 제안하는 과정에서 영훈과 시은의 10년 만의 재회가 이루어진 것이다.

　"그런데 우리 회사와 손잡는 것은 생각해 봤어?"

　"미안. 검토를 해봤는데, 아무래도 제시한 조건으로는 어려울 것 같아."

　"그래. 이렇게 입지가 탄탄한 회사에 그런 조건을 제시한 게 미안하지. 우리 오너가 좀 인색한 짠돌이라, 이 정도만 오퍼해서 미안하다."

　"이해해 줘서 고마워. 그럼 난 또 미팅이 있어서 가봐야 할 것 같아."

"그래. 다음에 또 보자."

영훈은 뭔가 명료하게 설명할 수 없는 씁쓸한 마음으로 시은의 회사를 나섰다. 아쉬운 것은 아니지만, 그때 만약 연인으로 발전되었다면 지금은 어떻게 되었을까 하는 궁금증이 떠오르는 것은 어쩔 수 없었다. 그래도 그런 궁금증이 씁쓸함의 이유는 아니었다. 왜 씁쓸했을까.

화장실에 들른 영훈은 거울에 비친 자신의 모습을 보고 비로소 그 씁쓸함의 정체를 알았다. 둘 다 40대인데, 영훈은 머리도 약간 벗겨지기 시작하고 배도 나온 것이 50대 이상으로 보였다. 그런데 시은은 10년이 아니라 한 2년 정도 지난 듯 30대 중반처럼 활기찬 모습이었다. 누가 보면 삼촌과 조카로 착각할 정도였다.

아닌 게 아니라 시은의 밝은 말투와 행동은 느릿하고 피곤함이 묻은 영훈과 더욱 비교되었다. 10년이라는 시간이 어떤 사람에게는 20년으로, 그리고 어떤 사람에게는 2년으로 작용한 것 같았다. 영훈은 회사로 복귀하면서 집 근처에 있는 헬스장을 검색하기 시작했다.

시간이 상대적으로 느껴지는 이유

사회생활을 하다 보면 그야말로 뱀파이어 같은 사람을 만날 때가 있습니다. 10년 전에 본 그대로 거의 늙지 않은 모습인데요, 보통 연예인 중에 그런 사람들을 볼 때가 많죠. 그렇게 늙지 않는 사람들을 보면 외모도 그렇지만 그 사람의 활동적인 에너지 자체가 젊다는 느낌을 받을 때가 많아요. 그러다 보니 그 사람만 시간이 다르게 흐르는 것 같은 착각이 들 때도 있습니다.

재미있게도 이에 대한 과학적인 설명이 있습니다. 50m 높이에서 번지점프로 사람들을 뛰어내리게 한 후, 자신이 땅에 도달하기까지 어느 정도 시간이 흐른 것 같은지 추측하라는 실험을 한 적이 있거든요. 그랬더니 사람들 대부분이 실제 걸린 시간보다 더 긴 시간을 말하더라는 것이죠. 낙하 시간은 정확하게 2.17초인데 평균 3초로 대답했다고 합니다. 미국 베일러 의과대학의 신경과학자 데이비드 이글먼 박사가 한 실험인데요, 이글먼 박사는 이에 관해 강력한 자극에 의한 경험이 일상적인 경험보다 더 촘촘히 기억되기 때문이라고 설명했어요.[*] 그래서 새롭고 변화무쌍한 경험들보다 일상에서 루틴한 경험을 할 때, 시간이 매우 짧게 느껴지죠.

---

[*] 홍수, '나이 들수록 왜 시간은 빠르게 흐를까?', 〈사이언스온〉.

반복된 업무를 10년 동안 했던 영훈은 시간이 매우 빠르게 지나간 것처럼 느꼈을 것이고, 중소기업 대리였다가 자신의 회사를 가지게 된 시은은 그 과정에서 다이내믹한 경험을 할 수밖에 없었을 테니 영훈보다 두 배 이상 긴 시간을 살았을 겁니다. 그러한 흥분감과 세월의 상대성은 태도와 외모에도 영향을 미쳐 어떤 사람은 매우 빠르게 늙어가는 반면, 어떤 사람에게는 세월의 흔적이 거의 보이지 않게 되기도 하죠.

영겁과 쏜살

시간의 흐름을 나타내는 말 중에 '영겁 같은 시간이 흘렀다.' 혹은 '세월이 쏜살같이 흐른다.'라는 표현이 있습니다. 인간이 느끼는 시간의 주관적인 느낌을 표현한 말이에요. 사실 많이 과장된 비유들이죠. '겁(劫)'은 불교 용어입니다. '겁파(劫波)'라고도 하는데, 힌두교에서 1겁파는 43억 2천만 년입니다. 지구의 나이가 45~46억 년이라고 추정되고 있으니 겁파 단위로는 지구 나이가 1겁파인 겁니다. 겁을 설명할 때 흔히들 큰 바위를 치맛자락으로 100년에 한 번씩 쓸어내려 그 바위가 다 닳아져도 끝나지 않는 시간이라고 합니다. 그 '겁'이 영원히 지속되는 게 영겁인 거예요. 그러니 영겁 같은 시간은 시간 자체를 초월했다는 것과 같죠.

반면 '쏜살'은 말 그대로 '쏜 화살' 같다는 것입니다. 날아가고 있는 화살을 말하죠. 이런 표현이 등장한 시대에 아마 사람이 체감할 수 있는 가장 빠른 속도가 화살의 속도였을 겁니다. 만약 지금의 표현으로 바꾸자면 '쏘아버린 총알 같다' 정도가 아닐까 해요. 그러면 '쏜알'이나 '쏜총'으로 바꿔야 하겠지만, 관용적 표현이라는 건 성립되면 고착화되므로 이렇게 따질 일은 아니겠죠.

재미있는 것은 우리들은 하루에도 영겁과 쏜살의 시간을 반복해서 느낀다는 거예요. 대표적으로 직장에서의 시간은 영겁 같은데 퇴근 후의 시간은 쏜살같다고 느끼는 사람들이 많잖아요. 그러고 보면 시간의 흐름은 아주 주관적입니다.

시간의 절대성을 상징하는 고급 시계

시간이 상대적으로 느껴지는 것은 그야말로 개인의 느낌일 뿐입니다. 주관적이라는 거예요. 과학적인 설명으로 보면 도파민의 작용으로 시간 감각이 흐트러진다고 하죠. 시간은 누구에게나 객관적으로 절대적인 기준으로 흐르지만, 그것을 느끼고 받아들이는 사람의 감각에 따라 시간의 상대성이 발생하는 것입니다.

과학이 발전하고 새로운 기술이 등장하면서 중력도 극복하고, 자기력의 비밀도 풀립니다. 그런데 시간만큼은 단 1초도 거스르거나 촉진하는 식의 변화를 일으킬 수 없어요. 시간이야말로 누구에게나 공평한 절대성을 가진 자연의 법칙이죠.

시간의 절대성에 대한 상징적 현상은 고급 시계인 것 같습니다. 고급 시계 브랜드로 가장 잘 알려진 브랜드는 롤렉스죠. 롤렉스의 데이토나 모델은 수량이 한정되어 있어 매장에서 바로 살수 없고 VVIP 고객이 되어야 살 수 있다고 합니다. 이 시계의 가격은 약 5,000만 원이라고 하는데 리셀 시장에서는 여기에 프리미엄 가격이 붙습니다. 새 제품을 정가에 살 수만 있다면 사는 순간 돈을 버는 셈이죠.

하지만 이런 롤렉스도 더 좋은 최고급 시계에 비하면 저렴하게 느껴집니다. 축구선수 손흥민이 귀국길에 찬 시계로 더욱 명성을 얻었던 파텍필립은 그야말로 최고급 시계라 할 수 있습니다. 기본적으로 살 수 있는 모델은 2억 원 정도라고 하고, 2019년에는 파텍필립의 그랜드 마스터 차임 모델이 경매에 나왔는데, 최종 낙찰가가 360억 원가량이었다고 합니다. 파텍필립은 가격을 떠나 돈이 있다고 모두가 살 수 있는 시계는 아니에요. 한정판 모델이 출시될 때는 고객 심사를 거쳐서 통과한 사람에게만 팔았다고 합니다. 시계를 사기 위해 자기소개서를 써야 한다니, 뭐 이런 회사가 다 있나 싶죠. 한정판 새 제품을 사서 더 높은 가격으로 리셀 시장에 내놓고 차익을 노리는 사람들을 흔히 '되팔이'라고 하는데요, 이런 셀러들을 거르기 위한 검증 장치라고 합니다.

파텍필립을 포함해 고급 시계들이 자랑하는 시계의 장점들이 있죠. 내구성이나 디자인 등 여러 가지가 있지만, 그중에서도 기술적인 경쟁력으로 시간의 정확성을 꼽습니다. 투르비용(tourbillon) 같은 기술은 시계 브랜드들이 시간의 정확성을 얼마나 추구하는지에 대한 대표적인 증거가 되죠. 투르비용은 기계식 시계 장치들이 중력의 영향을 받아 위치에 따라 조금씩 시간이 달라지는 것을 보정해 주는 기술입니다. 그러니까 정확한 시간을 알기 위한 기술이라는 것이죠. 절대적인 시간을 정확하게 알려주는 시계에 큰 가치를 부여한다는 것은 그만큼 시간의 절대성에 대한 사람들의 추앙과 경외심을 보여주는 하나의 예가 아닐까 합니다.

아인슈타인과 스티븐 호킹

하지만 인간이 철석같이 믿었던 시간의 절대성에 문제가 생겼습니다. 시간도 상대적이라고 주장하는 사람이 나타난 것이죠. 바로 알베르트 아인슈타인입니다. 아인슈타인은 과학사에서 절대 빼놓을 수 없는 인물이죠. 아인슈타인이 자주 등장하는데도 그의 책을 읽어보라고 쉽게 권할 수 없는 이유는 아인슈타인이 대중을 위한 책을 쓰는 사람은 아니었거든요. 그가 쓴 글이나 논문들은 대부분 읽기 어려운 편입니다. 고전역학과 양자역학 사이에 걸쳐 있는 논의들이니까요.

아인슈타인이라고 하면 상대성이론이라는 개념을 바로 떠올릴 수 있지만 그게 구체적으로 무엇인지 설명하기는 어렵죠. 이는 시간의 상대성에 대한 이론입니다. 결정론의 과학이 절대적인 것을 추구하는 것이니 '역시 아인슈타인은 결정론이 아니군.' 하고 이해하시면 안 됩니다. 분명한 원인과 원리에 의해 시간이 다르게 흘러간다는 것이니까, 철저한 인과관계 아래에서 시간의 상대성을 증명한 거예요. 인과가 분명한 세계는 결정론적 세계죠.

아인슈타인 이후 시간에 대한 논의에서 가장 유명한 사람은 스티븐 호킹이에요. 스티븐 호킹은 학문적 업적으로도 유명하지만 루게릭병을 얻고서도 위대한 연구 활동을 이어간 인간 승리 스토리로 더 유명하죠. 21세에 근육이 점점 마비된다는 루게릭병 진단을 받고 앞으로 살게 될 날이 1~2년밖에 남지 않았다는 말을 듣습니다. 하지만 그는 병을 선고받은 후로 55년을 더 살아요. 다만 근육이 점점 마비되었기 때문에 거동이 불편했고, 의사소통도 음성 합성 장치 같은 기계를 이용해야 했죠. 이런 상태에서도 인터뷰에서 농담을 던지기도 하고, 미국 인기 시트콤 〈빅뱅이론〉에 특별 출연하여 호킹 자신을 연기할 정도로 활발하게 활동합니다.

이런 감동적 스토리가 부각되다 보면 그의 과학적 성취를 간과하기 쉽습니다. 호킹의 업적은 그야말로 눈부십니다. 이미 '빅뱅', '블랙홀', '웜홀', '끈 이론' 같은 용어는 많이 들어보셨을 거예요. 그 밖에 '인플레이션 우주론'이나 '통일장 이론', '26차원', '4대 힘의 존재'도 영화에서 종종 등장하기 때문에 익숙한 분들이 있을 겁니다. 이런 이론들을 확립한 사람이 스티븐 호킹입니다. 빅뱅 이론을 정설로 만들고 블랙홀 이야기를 대중에게 알려준 사람이죠.

시간 여행의 가능성

물리학은 뉴턴과 라플라스의 결정론 시대를 거치며 기본적인 역학 법칙을 확립시켰습니다. 하지만 아인슈타인에 의해 중력이 강할수록 시간은 느리게 흐른다는 시간의 상대성이 밝혀지며 절대 시간의 개념이 제거돼요. 시간 개념에 일대 변화가 일어나며 우주는 변하지 않는다는 예전의 아리스토텔레스 우주관은 역동적으로 팽창하는 우주로 바뀌게 되죠.

이 상태에서 우주는 어떻게 시작이 된 것인지 궁금하지 않을 수 없는데, 호킹은 우주가 하나의 특이점에서 폭발했다는 '빅뱅'을 가정합니다. 이 빅뱅이 시간의 시작인데요, 문제는 이 상태가 계속 이어지는 것이 아니라 어느 순간 폭발력이 원자들의 인력보다 줄어들 때 대수축인 빅크런치(Big Crunch)가 일어나게 되죠. 팽창했던 우주가 반대로 수축해서 다시 한 점으로 모이게 되면 그것이 바로 시간의 끝입니다. 쉽게 말하면 우주는 빅뱅으로 시작해 블랙홀로 끝나는 거죠. 이때 빅뱅 이전이나 이후의 상태가 무엇인지에 대한 질문은 의미가 없다고 해요. 우리가 생각하고 의미 있게 존재하는 것은 시공간이라는 차원 안에서인데, 이때는 그 차원 자체가 없어지니 무의미한 질문이라는 거죠. 그러니까 모른다는 이야기를 어렵게 한 거예요. 그리고 이 부분 때문에 빅뱅 이론은 조물주의 존재를 인정할 여지를 가지게 되는 겁니다.

『시간의 역사』에서 제일 흥미로운 기술은 바로 시간 여행의 가능성입니다. 시간이 늦게 간다는 발견은 미래로의 여행이 가능하다고 말해줍니다. 반면 과거 여행은 가능할까요? 시공간의 휘어짐을 이용해 그것을 연결할 웜홀을 쓸 수 있다면 그 또한 이론적으로 가능하다는 것이 호킹이 이야기하는 바입니다.

우주의 비밀을 풀 새로운 이론

20세기에는 자연에 대한 또 하나의 이론이 탄생했는데 그것이 양자역학입니다. 기본적으로 만물은 그 안에 불확정성을 내재하고 있다는 전제죠. 예를 들어 우리가 입자의 운동을 예측하기 위해서는 그 입자를 관찰해야 하는데, 이 관찰에는 광자가 개입하게 되고, 그 광자는 예정된 입자의 운동을 뒤바꿔 버립니다. 우리가 현재 상태도 정확하게 측정할 수 없다면 미래에 대한 예측은 더더욱 그럴 것입니다. 결국 우리는 불확정성의 원리를 생각하지 않을 수 없습니다. (사실 하이젠베르크의 불확정성 원리는 이렇게 관찰 불가능성에 대한 것도 있지만, 본질적으로는 입자 자체가 확정적으로 존재하지 않기 때문인 것이 더 큰 이유이긴 합니다. 다만 관찰 불가능성은 사람들에게 이해시키기 위해 하이젠베르크 자신이 쓴 예시이기 때문에 이렇게 이해하셔도 괜찮은 거죠.)

자연계에는 중력, 전자기력, 강한 핵력, 약한 핵력 4가지 힘이 존재하는데, 물리학의 꿈은 바로 이런 힘들을 모두 설명해 줄 수 있는 통일장이론을 발견하는 것입니다. 하지만 기존의 입자적 세계론에서는 불확정성의 양자역학과 결정적 세계관의 고전물리학이 부딪히면서 모순이 발생하기 때문에 불가능하죠. 그래서 만물의 기본 모습이 점의 형태가 아닌 끈의 형태일 것이라는 끈 이론을 연구하면서 이 모순을 극복하려고 해요.

양자역학에 일반 상대성이론을 통합하면 모순이 극복되는 '양자 중력 이론'이 탄생하는데, 만약 이 이론이 발견되면 세상의 모든 것을 이해할 수 있게 됩니다. 호킹은 그것이 가능한지는 모르겠으나, 필요하다고 합니다. 만약 이것이 가능하다면 시간과 공간이 함께 특이점이나 경계가 없는 4차원 공간을 형성하게 되는데, 그 얘기는 뭐냐면 우주에 원래 끝과 시작이 없다는 거예요. 우주가 말하자면 지구와 비슷한 느낌으로 되어 있다는 것인데, 이 말은 시작점이자 끝점이기도 한 거거든요. 그렇게 되면 빅뱅 이전에 무엇이 있었으며 빅뱅 이후에는 무엇이 있을까를 고민할 필요도 없죠. 그래서 과학은 신의 개입 가능성을 현저하게 줄이게 됩니다.

호킹은 지금 당장 그런 이론을 발견하기도 힘들고 짐작도 불가능하지만, 언젠가 이런 이론이 발견돼서 시공간에 대한 새로운 개념이 형성되어 과학이 우주 만물의 비밀을 풀 날이 있을 것이라는 비전을 가지고 계속 연구해 온 것이죠.

무궁무진한 과학

모든 것이 과학으로 다 설명될 것이라는 인간들의 기대는 이 우주가 아직 인간의 인식 영역으로 파악하기에는 너무나 광활

하다는 사실 앞에 실망으로 바뀝니다. 우주까지 갈 것도 없이 인간의 뇌나 정신의 활동만 해도 과학으로 파악이 안 되는 실정이니까요. 하지만 그렇다고 해서 인식의 영역에 다시 신을 끌어오는 일은 일어나지 않습니다. 우리가 가진 과학 기술의 한계는 여기까지인데, 언젠가는 과학 기술이 계속 발달하면서 우리가 모르는 비밀들이 풀릴 것이라고 기대하고 있거든요. 그러니까 과학의 발전이라는 방향성과 당위성에 대해서는 합의가 되었지만, 아직 가야 할 길은 멀다는 것이죠.

호킹의 시간 여행 실험

시간 여행은 정말 가능할까요? 1895년 허버트 조지 웰스가 『타임머신』이라는 소설을 쓴 이후로 대중은 계속해서 '시간 여행이 진짜 가능할까?'라는 의문을 가지고 있죠. 불가능해 보이지만, 가능했으면 좋겠다는 희망의 표현일 수도 있고요.

대중예술에서는 끊임없이 시간 여행을 소재로 한 작품이 등장하고 있습니다. 특히 타임 슬립(Time Slip)은 한국 드라마에서도 종종 등장하죠. '타임 트래블'이 타임머신 같은 기계를 통해 능동적으로 시간 여행을 하는 것이라면, 타임 슬립은 이유도 모른 채 갑자기 시간 여행을 하게 되는 현상입니다. 드라마에서는 묘하게 생긴 인형에 소원을 빈다든가, 어릴 때 했던 약속이 초자연적으로 발휘된다든가 하는 식으로 표현이 되는데, 시간 여행의 원인이 이렇다 보니 스스로 제어할 방법이 없죠. 판타지나 오컬트랑 연결되는 것이 타임 슬립이에요.

과학적으로 시간 여행은 타임머신처럼 시간 여행을 제어할 수 있어야 하겠죠. 하지만 아직 과학에서는 그럴 가능성을 발견하지 못했습니다. '빛의 속도로 가면 시간이 느려질 것이다' 같은 이론들이 있어, 따지고 보면 미래로 시간 여행을 한다는 것은 이론적으로 가능하긴 합니다. 빛 이상의 속도로 가다가 돌아오면 남아 있는 사람들에 비해서 시간의 흐름이 늦은 거니까 여행자는 미래로 간 셈이 되는 거잖아요. 그런 아이디어로 만든 영화가 〈혹성탈출〉, 〈인터스텔라〉입니다. 문제는 지금의 과학 기술로 빛의 속도는 언감생심이라는 거죠. 여태껏 제일 빠른 우주선으로 기록된 것이 미국의 태양 탐사선인 '파커 솔라 프로브'이거든요. 이 무인 우주선의 속도는 163km/s였다고 해요. 빛의 속도는 299,792,458m/s입니다. 그러니 이건 가능한 방법이 아닙니다.

과거로 가는 것은 더욱 그렇죠. 워프 항법이나 웜홀 이론은 있지만, 그것을 실제로 구현하는 기술과의 차이는 속도 문제보다도 더 아득합니다. 그래서 현실적으로 시간 여행은 가능한 꿈은 아닌 것 같아요.

스티븐 호킹 박사가 살아 있을 때 시간 여행에 관해 방송국과 실험을 한 적이 있어요. 거창한 것은 아니고 시간 여행자를 위한 파티를 연 거죠. 2009년 6월 28일 시간 여행자를 위한 파티를 열고, 파티가 열리기 전에는 그 어디에도 이런 파티의 존재와 장소를 공개하지 않았습니다. 녹화해서 이 상황을 내보냈고, 시간 여행자를 위한 초청장에는 위도와 경도로 장소 표시를 정확하게 해놓았어요. 시간 여행자가 있으면 여기를 찾아오라고요.

하지만 아쉽게도 아무도 찾아오지 않았습니다. 이에 대해서

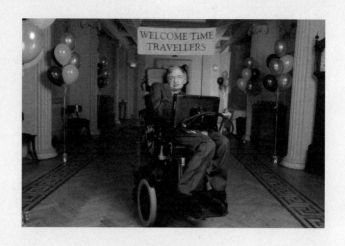

호킹은 시간 여행이 불가능하다는 결론보다 세 가지의 가능성을 제시했는데요. 하나는 시간 여행은 오로지 미래로만 가능하다는 것, 두 번째는 과거의 역사를 바꿀 수 없다는 시간 여행자의 룰이 존재할 수 있다는 것, 그리고 마지막 세 번째는 시간 여행을 해도 다중 우주로 빠지게 된다는 것이었죠.

　호킹의 이 재미있는 실험이 과학적으로 의미가 있다고 하기는 어렵지만 이만큼 시간 여행의 가능성이라는 것을 인정하기는 쉽지 않다는 것을 보여준 하나의 상징적인 사건이었던 것 같네요.

제 5 장

과학 기술의
그림자

a Man who Wants to be a God

14. 가이아의 골칫덩어리

제러미 리프킨 『엔트로피』

바람계곡의 나우시카

OTT(Over The Top)는 인터넷을 통해 영화, 드라마 등 영상 콘텐츠를 제공하는 서비스입니다. 대표적으로 넷플릭스가 있죠. 처음 넷플릭스가 만들어지고 '빈지 워치(Binge-watch)'라는 신조어가 생겨났는데요, 드라마 10편 정도를 하루에 몰아서 보는 시청 형태를 가리키는 말이라고 생각하면 됩니다. 영상 시청 폭식이라고 할까요. 그만큼 넷플릭스는 미디어 문화를 바꿨습니다.

OTT가 뉴미디어로 인기를 끌자 당연하게도 새로운 OTT 업체들이 생기기 시작했습니다. 아마존 프라임비디오나 디즈니플

러스가 그 후발 주자예요. 그중 디즈니플러스는 자사의 OTT를 만들면서 그동안 넷플릭스에 내어주었던 디즈니 애니메이션과 마블 영화들을 모두 거두어들입니다. 이를 뺏긴 넷플릭스는 한국 드라마와 일본 애니메이션을 그 대안으로 내세웁니다. 한국 드라마들은 상대적으로 적은 제작비와 탄탄한 서사로 넷플릭스에서 효자 노릇을 하고 있죠. 사실 한국 드라마는 예상치 못하게 터진 케이스이고, 원래 넷플릭스가 디즈니의 빈자리를 메워줄 것이라고 예상한 것은 일본 애니메이션이었어요.

〈매트릭스〉 같은 서양 영화들이 일본 애니메이션인 〈공각기동대〉의 영향을 받은 것은 잘 알려진 사실입니다. 워쇼스키 감독은 일본 애니메이션에 영향을 받은 사실을 숨기기는커녕 오마주라고 자랑하며 〈매트릭스〉 포스터의 뒤에 흐르는 코드 문자를 일본 문자인 가타카나로 표기했습니다.

일본 애니메이션은 1990년대에서 2000년대 초까지만 해도 전 세계에 많은 영향을 끼칠 정도로 한때 히트 상품이었습니다. 지금도 〈귀멸의 칼날〉이 개봉되어 인기를 끌고 있지만, 과거 〈드래곤볼〉의 영향력을 생각하면 일본 애니메이션의 파워가 줄어든 것은 사실입니다.

1990년대 일본 애니메이션이 승승장구할 때, 그 선두에서 문화적 흐름을 진두지휘한 사람이 미야자키 하야오 감독입니다. 〈기동전사 건담〉 등의 애니메이션은 마니아들을 양산했지만, 미야자키 감독의 작품은 훨씬 대중적인 인기를 끌었거든요. 〈이웃집 토토로〉나 〈센과 치히로의 행방불명〉처럼 자극적이지 않으면서도 따뜻한 감성이 녹아든 애니메이션들이었죠. 미야자키 감독의 초기작 중 유명한 것이 〈미래소년 코난〉 같은 TV 시리즈물과 극장판 애니메이션 〈바람계곡의 나우시카〉라는 작품입니다.

미야자키 감독의 작품들을 보면 크게 두 가지 주제로 파악할 수 있습니다. 하나는 소녀의 성장입니다. 〈귀를 기울이면〉, 〈마녀 배달부 키키〉, 〈이웃집 토토로〉, 〈센과 치히로의 행방불명〉을 보면 알 수 있죠. 다른 하나는 환경 문제인데, 기계 문명과 맞서는 자연 친화적인 환경주의자들의 입장을 그린 애니메이션들이에요. 〈미래소년 코난〉, 〈천공의 성 라퓨타〉, 〈원령 공주〉, 〈하울의 움직이는 성〉 등이 그렇습니다. 이런 경향의 가장 앞에 자리하고 있는 것이 바로 〈바람계곡의 나우시카〉입니다.

지구 가이아설

〈바람계곡의 나우시카〉의 세계는 1,000여 년 이상이 지난 미래인데요, 거대 산업사회가 붕괴하고 지구가 황폐해진 상태예요. 거기에 '부해'라는 식물은 점점 서식지를 확장하며 유독가스를 내뿜고 있습니다. 이런 환경을 배경으로, 자연 친화적으로 살아가며 지구와 궤를 같이하려는 인간의 부류와 기술로 자연을 지배하려고 하는 세력들이 대립하게 되는 스토리죠. 재미있는 것은 설정인데요, 부해는 독을 내뿜는 식물이기 때문에 인간에게 너무나 위협적인 존재거든요. 그런데 주인공들이 이 부해의 서식지 한가운데 떨어지게 되었어요. 방독면이 있어도 아주 위협적인 식물이었기 때문에 지켜보는 관객들도 주인공들의 목숨이 위협을 받겠다고 생각했는데, 놀랍게도 지구상 가장 위험한 식물로 인식되었던 부해의 땅 밑은 지구에서 제일 깨끗하고 정화된 곳이었어요.

그러니까 부해는 오염된 지구를 자정하는 중이었던 것입니다. 땅과 물에 스며 있는 독기를 빨아들여 대기 중으로 방출하면서 지구를 정화하고 있던 것이었죠. 인간의 입장에서는 유독가스 때문에 위협적인 존재지만, 지구 입장에서는 지구의 정화를 위해 '열일'하는 중인 거예요.

이 애니메이션의 관점은 지구 가이아설을 바탕으로 만들어졌습니다. 지구를 하나의 살아 있는 생명체로 인식하는 것이 가이아설의 전제입니다. 지구가 유기적 생명체처럼 존재한다는 거예요. 1978년 영국의 과학자 제임스 러브록이 처음 제안한 개념인데요, 지구는 유기체처럼 자기조절 능력이 있어 항상 모든 생물이 살기 적합한 환경을 만들기 위해 스스로 새로고침을 한다는 것입니다.

이 설에 따라 인간의 위치를 판단해 보면 인간은 바이러스입니다. 지구 생명체 중에 지구에 해가 되고, 다른 동식물에 해가 되는 것은 인간밖에 없어요. 그래서 지구의 생명을 갉아먹고 있는 바이러스인 거죠. 지구는 이런 바이러스를 퇴치하기 위해 여러 가지 면역 체계를 가동하는데, 자연재해를 일으킨다든가 주기적인 전염병으로 인간의 수를 줄이는 것입니다.

그렇기 때문에 지구 가이아설을 인정하는 순간 인간은 자기혐오에 빠지게 됩니다. 지구를 위해 인간은 모두 없어져야 하는 거예요. 그래서 지구 가이아설은 하나의 주장으로 남고 진지한 과학적 분석 대상에선 벗어났습니다.

에너지는 증가하지 않고 전환될 뿐이다

과학은 아니지만 과학적 관점에서 지구 가이아설보다 덜 과격하게 이런 문제를 풀어간 저작이 있습니다. 바로 『엔트로피』입니다. 사람들이 하는 오해 중 하나는 이 책이 과학책이라고 생각하는 겁니다. 엔트로피라는 열역학의 개념을 가지고 설명하지만, 이 책의 저자는 제러미 리프킨으로, 미래의 트렌드를 예측하는 것으로 유명한 철학자입니다. 『소유의 종말』이나 『노동의 종말』에서 하는 이야기가 그렇죠. 과학 기술의 발달이 사회에 미치는 영향을 분석해 앞으로의 경제, 사회가 어떻게 나아가야 하는지 말해주는 책들입니다.

그런데 『엔트로피』에서의 이야기는 조금 놀랍습니다. 열역학 제1법칙은 우주의 에너지 총량이 보존된다는 것이지요. 따라서 에너지는 없어지거나 생성되지 않고 이동하거나 변환될 뿐입니다. 석탄은 그것이 불타면서 빛이나 열에너지로 변환되는 거죠. 열역학 제2법칙은 이 과정에서 엔트로피가 증가한다는 건데요, 엔트로피는 일할 수 있는 유용한 에너지가 손상되는 것을 말해요. 엔트로피는 말하자면 더 이상 일할 수 없는 에너지의 양이라고 보면 됩니다. 한국말로 '무질서도'라고 번역하기도 하는데요, 쉽게 말하면 에너지의 쓰레기입니다. 석탄이 빛이나 열에너지로 바뀐 다음에 재가 남죠. 이 재는 더 이상 에너지를 만들어 낼 수 없습니다. 이것이 엔트로피가 증가하게 된 거죠.

에너지는 증가하지 않습니다. 단지 전환될 뿐인데, 시간이 지날수록 무용한 에너지만 쌓일 수밖에 없다는 거죠. 리프킨은 바로 이런 엔트로피의 개념을 설명한 뒤, 우리 사회가 이 개념을 받아들이지 않으면 가까운 시기에 멸망할 것이라고 말해요. 결국에는 무용한 에너지밖에 남지 않게 되니까요.

결국에 증가하는 엔트로피

뉴턴 법칙으로 특정되는 기술 중심의 사고에서 인간은 발전이라는 개념을 신봉합니다. 하지만 기술이 아무리 발전해도 인간이 쓸 수 있는 에너지는 더 만들어내지 못하고, 무용한 에너지가 쌓이는 것을 막지도 못합니다. 그런데도 인류는 기술의 신화에 휩싸여 에너지의 무분별한 사용을 멈추지 않고 있다는 것이 리프킨의 진단입니다.

인간의 기술 발달이 실제로는 무질서만 쌓이게 한다는 것을 경제학, 농업, 수송, 도시화, 군대, 교육, 보건 등의 예를 들어 보여주는데 이 부분이 흥미로워요. 예를 들어 인간은 자동차를 발명해 집에서 회사까지 걸리는 시간을 단축하려 했는데, 자동차가 있어 교외에 살게 되며 지금은 오히려 출퇴근하는 데 2~3시간이 걸리게 됐다고 하죠. 과거에 직장 바로 옆에 집을 얻어 출퇴근 시간을 5분 이내로 만들었던 삶과는 거리가 있는 겁니다.

보건, 그러니까 의료에서는 병원에 가서 진단받는 병의 80%

는 그대로 두면 자연적으로 낫거나 아니면 병원에 가도 소용없는 질병이라고 합니다. 시간을 절약하기 위해 항생제를 쓰게 되면 당장 치료 효과는 좋아도, 결국 인간에게 필요한 미생물도 죽이기 때문에 장기적으로는 몸에 해를 가져오게 된다고 하죠. 단기적으로 보면 엔트로피가 감소하는 것처럼 보이지만, 장기적으로는 엔트로피가 증가하는 것입니다.

누가 빌런일까?

중요한 것은 이런 세계에서 인간은 어떻게 해야 할까 하는 것입니다. 다시 지구 가이아설을 가져옵시다. 사실 바이러스의 수는 적을수록 좋거든요. 이런 관점에서 문제를 해결하면 어떤 결론에 도달하는지 보여준 것이 마블의 영화 〈어벤져스〉였어요. 〈어벤져스〉의 메인 빌런인 타노스는 인간의 입장에선 빌런이 맞지만, 전 우주적 입장에서 보자면 우주의 균형을 지키려는 히어로라고 볼 수도 있습니다. 타노스가 꿈꾸던 것은 우주 정복이 아닙니다. 우주의 인구가 너무 많아 에너지가 고갈되어 결국 모두가 공멸하는 미래를 막으려고 우주 인구의 절반을 죽여서 나머지 남은 우주의 평화를 만들려던 이상주의자였을 뿐입니다. 자신이 살던 행성의 균형이 깨져 멸망한 것을 목도했기 때문에 우주에 그런 사이클이 되풀이되어서는 안 된다는 신념을 가지고 있었던 것이죠.

실제 타노스는 손가락을 튕겨 우주 인구의 절반을 없애고, 자신의 목적을 달성한 후에는 왕이나 지배자가 되는 게 아니고 빌런에서 은퇴하고 농부가 됩니다. 『엔트로피』에서도 엔트로피적 세계관을 가지게 되면 결과적으로 농부가 늘게 될 것이라고 말하는데, 그와 일맥상통하는 면이 있습니다. 〈어벤져스〉의 스토리를 『엔트로피』에서 따온 게 아닌가 하는 생각이 들 정도로 일치하는 면이 있죠.

이런 측면에서 보면 어벤져스 중 아이언맨은 그야말로 기계로 만들어진 인간 기술의 집약체입니다. 심지어 기술로 시간까지 통제하려고 하잖아요. 그러니 어벤져스와 타노스의 대결은 기술 중심주의의 인류와 엔트로피적 세계관을 가진 새로운 세력과의 싸움을 은유적으로 나타낸 작품이 됩니다. 하지만 아직은 엔트로피의 시대는 아닌 듯 타노스는 패배하죠.

과학 기술의 발전에 노란불을 울리다

타노스가 엔트로피적 세계관을 실현하며 적극적인 해결책을 제시했다면 리프킨은 『엔트로피』에서 소극적인 방법을 제시합니다. 단지 많은 사람이 엔트로피적 세계관으로 전환해야 한다는 거죠. 그럴 수밖에 없기도 합니다. 인류의 반을 없애자고 할 수는 없잖아요.

에너지 사용을 줄이고 최소한으로 물질을 사용하는 생활을 하며 발전, 번영에 대한 신화를 버려야 한다고 주장합니다. 기술도 대규모의 축적과 저장의 기술이 아니라 소규모로 전환하고 흐르는 기술이 되어야 한다는 거죠. 난방을 예로 들면 대규모 원자력 발전소를 건설하고 그것을 수송하면 그만큼 엔트로피가 증가할 수밖에 없으니, 발전 단위를 개별의 집으로 하고 태양광, 풍력 에너지 등을 이용하여 엔트로피의 증가를 최소화시켜야 한다는 거예요.

엔트로피적 세계관은 그 실천적 면에서 과학 기술 세계관이 지배하는 지금의 세계에서는 제한적일 수밖에 없지만, 에너지 고갈이라는 말이 허풍으로만 들리지 않는 지금 다시 생각해 봐야 할 이야기가 아닌가 싶습니다. 과학 기술의 발전이라는 흐름에 빨간색 멈춤 표시를 주는 것까지는 아니지만, 노란불로 경고하는 것이 『엔트로피』가 아닐까 해요. 브레이크를 밟을 것까지 없지만 브레이크에 발을 올려놓기는 해야 하는 거죠.

15. 묵음 처리된 경고의 종소리

레이첼 카슨 『침묵의 봄』

엄 행수의 존재

"아무래도 무슨 수를 써야지 도저히 안 되겠어요."

"도저히 안 되겠다는 것은 알겠는데, 도무지 무슨 수가 있어야 말이지."

두 내외는 마당에 쌓인 한 무더기의 덩어리를 보며 한숨을 내쉬었다.

"집이 계속 지저분해지고, 냄새도 너무 심하고, 무엇보다 날씨를 보니 조만간 큰비가 올 듯한데, 비가 오면 집 안이 다 저것들 천지가 될 거예요."

"엄 행수를 불러볼까?"

"그러면 돈이 들지 않을까요?"

"그렇지만 방법이 있나. 그 사람이 요령 있게 잘 치워준다니, 계속 쌓이게 하는 것보다 나을 수 있지."

"우리가 한양 올라오기 전에는 저것들이 큰 도움이 되었는데, 지금은 돈을 들여 치워야 하는 게 되다니, 세상은 정말 요지경이네요."

메가시티 한양의 문제

한양이라는 지명을 보았을 때, 요지경은 등장하기 전 같으니 저런 대화가 일어났을 리는 없습니다. 요지경의 원래 이름은 '뷰 마스터(View Master)'로 풍경이나 사진 등을 입체적으로 볼 수 있게 만든 일종의 광학 장치입니다. 오늘날 VR 기기 같은 것이죠.

저 대화가 일어난 시기는 조선 후기이고 장소는 종본탑 동쪽의 마을입니다. 왜냐하면 엄 행수가 언급되니까요. 엄 행수는 박지원의 『연암집』에 실려 있는 소설 〈예덕선생전〉에 나오는 인물입니다. 남들에게 손가락질받는 천한 일을 하는데도 예를 지켜나가는 사람이라고 해서 엄 행수를 예덕 선생이라고 부릅니다. 더럽다는 뜻의 예(穢)에 덕(德)을 붙여, 더러운 일을 해도 예를 지키는 사람이라는 뜻이죠.

　도대체 예덕 선생이 했던 일은 무엇이었을까요? 도성 안의 분뇨를 처리하는 것이었습니다. 분뇨라고 하지만, 오줌은 땅바닥으로 스며들어 없어지기 때문에 주로 똥을 치우는 일이라 할 수 있습니다. 농촌에서는 똥이 거름이 되기 때문에 뒷간에 쌓인 똥을 논에 가져다 뿌립니다. 하지만 한양에서는 경작이 금지되어 있기 때문에, 이 똥을 유용하게 쓰려면 도성 밖으로 가지고 나가야 하거든요. 그런데 사람 많은 대낮의 저잣거리에서 똥 수레를 끌고 다니기가 어렵고, 밤에는 통행금지로 인해 도성 밖으로 나갈 수 없으니 민가에서 분뇨는 골칫거리였어요.

　조선 초기인 15세기 초 한양의 인구는 대략 10만 명이었고 18세기에는 한양의 인구가 20만 명 정도로 늘어납니다. 같은 시기 영국 런던의 인구가 약 5만 명이었던 것을 생각해 보면, 한양은 메가시티였던 거죠.[*]

　중세의 유럽 역시 도시에서는 분뇨 처리 때문에 골머리를 썩었어요. 보통은 함부로 분뇨를 버리지 못하게 법으로 제정된 경우가 많았는데, 사람들 대부분은 밤에 몰래 길거리에 분뇨를 쏟아 버리곤 했죠. 그것도 2층, 3층에서 쏟는 바람에 하루는 프랑스의 왕 루이 9세가 새벽에 교회에 가다가 어느 집 창문에서 버

---

[*] '조선시대 한양 거리는 '똥 천지'', 〈경향신문〉, 2012.10.10.

린 똥물을 뒤집어썼다는 기록이 있을 정도입니다.

비만 오면 거리가 똥물로 범람이 되어, 돈을 받고 업어서 사람을 옮겨주는 직업도 있었고 굽을 높여 땅과 발의 거리를 가능한 한 멀리 떨어지게 만든 신발도 나왔습니다. 하이힐의 유래라고 알려져 있으나 하이힐은 고대 이집트 때부터 있었고, 분뇨를 피하기 위한 신발은 '패턴'이라고 불렸습니다.

다시 조선으로 돌아가 봅시다. 고대에 비해 도시에 사는 사람이 많아지면서 이 문제는 더욱 심각해집니다. 오죽하면 실학자 박제가의 『북학의』에는 "서울에서는 날마다 뜰이나 거리에 오줌을 버려서 우물물이 전부 짜다. 냇가 다리의 축대 주변에는 인분이 더덕더덕 말라붙어서 큰 장마가 아니면 씻기지 않는다."라는 구절이 나옵니다.

1900년대 이전 인간의 평균수명이 짧은 것은 의학 발달과도 연관이 있겠지만, 이렇게 도시의 위생 상태와도 무관하지 않을 듯합니다. 아무래도 전염병 발생에 취약한 구조가 되니까요. 그래서 인류 최고의 발명이 화장실과 하수도 시설이라는 말이 있을 정도입니다.

20년째 유망한 환경공학

20여 년째 유망주라고 불린다는 대학의 학과가 있습니다. 바로 환경공학과입니다. 환경의 중요성이 강조되는 것과 별개로 실제로 지원이나 발전은 그에 따르지 못해, 자조적으로 칭하는 말이기도 합니다. 환경공학과는 과거에는 위생공학으로 불렸어요.

인간이 만든 오염 물질이 결국 환경을 망치고 그로 인해 전염병이 생기기도 하니 이를 잘 처리한다는 의미였는데, 과학 기술이 발전하다 보니 인간이 만들어내는 오염 물질은 분뇨를 넘어서 산업 폐기물, 이산화탄소, 방사성 폐기물 등으로 다양해졌어요. 이로 인해 수질오염, 대기오염, 토지오염 등이 생기고 환경공학이라는 보다 큰 범주의 연구가 필요하게 된 것이죠.

초창기 분뇨 처리에서 가장 혁신적인 기술 발전이 바로 하수처리 시설이었어요. 런던에 건설된 하수 처리 시설은 분뇨가 쌓이는 문제를 획기적으로 개선했습니다. 이후 폐수나 정수 처리장 등이 건설되며 토목공학이 위생 문제에 큰 역할을 했거든요. 그래서 지금도 대학의 환경학과를 보면 토목환경공학과라는 이름으로 존재하기도 하고, 환경학과 안에 토목과 환경 전공으로 갈리는 곳도 있습니다. 초창기 환경공학의 설립 배경을 잘 보여주는, 진화론으로 치면 일종의 흔적기관인 셈이죠.

결국 환경오염은 지구에서 인간만이 가진 종족 특성입니다. 인간이 배출해 내는 자연적이지 않은 물질들이 문제니까요. 소가 트림하면 탄소가 배출되니 인간에게만 뭐라고 하지 말자는 얘기도 있을 수 있지만, 동물의 트림으로 생기는 탄소는 지구의 자정 작용으로 깨끗하게 할 수 있는 수준입니다. 지구 자정 능력의 '캐파(Capa, Capacity의 약어)'를 초과하는 탄소를 인위적으로 만들어내는 인간이 문제죠.

게다가 과학 기술의 발전에는 필연적으로 환경 문제가 따를 수밖에 없어요. 자연을 그대로 받아들이는 것이 아니라 자연을 변형하고 가공하고 심지어 자연에 없는 것을 만들어내는 작업에는 에너지가 들어가고, 탄소가 배출되거든요. 배출된 탄소는 지구 온실효과를 가중시켜 결국 지구 온난화의 원인이 되는데, 2015년에는 현재 지구의 온도가 산업혁명 시대보다 평균 1도 올라갔다고 공인되었어요. 더 큰 문제는 이런 기세가 멈출 생각이 없어 보인다는 거죠. 2030년에는 2도, 2050년에는 3도가 올라간 지구가 우리 앞에 놓여 있을 것이라고 합니다. 세계적인 환경 저널리스트이자 사회운동가인 마크 라이너스의 『최종 경고: 6도의 멸종』에서는 지구의 온도가 3도 올라가면 지구가 임계점을 초과한다고 해요. 사람의 목숨을 위협하는 극심한 폭염이 2년에 한 번씩 발생하게 됩니다. 기존 열대 지방이나 아열대 지방은 사람이 살 수 없게 되어 수억 명의 난민이 떠돌게 되고요. 사람뿐만 아니라 지구의 생물에게도 각자 맞는 기후가 있을 것입니다. 지구가 더워지면 그에 따라 이동해야 하는데 쉽지 않습니다. 식물은 쉽게 이동할 수 없고, 그 식물을 먹이로 하는 초식동물들 역시 먹이사슬 전체에 영향을 끼치게 되겠죠. 온도가 3도 상승한 세계에서는 곤충의 절반, 포유류의 1/4, 식물의 44%, 새의 1/5과 그들이 누리던 적합한 생활환경을 잃게 된다고 합니다. 인류가 과학 기술을 버릴 생각이 없다면, 이런 미래가 30년도 채 안 돼서 다가온다는 거예요.

환경에 대한 문제를 처음으로 일깨운 책

인간이 지구에 이렇게 해를 끼치고 있었는데도 인류가 자신의 만행을 자각한 것은 얼마 되지 않았습니다. 과학 기술의 발전에 눈이 멀어 과학 기술이 지구에 어떤 일을 하고 있는지 의식하지 않았던 것이죠. 귀한 아들이 학교에서 친구를 때리고 와도 '상대방이 맞을 짓을 했겠지.' 하며 자식 편을 드는 부모하고 똑같은 모습이었습니다.

과학 기술이 우리의 자연을 파괴할 수도 있다는 자각을 본격적으로 한 것은 1960년대부터입니다. 레이철 카슨이 쓴 『침묵의 봄』이 출간되면서 인류는 비로소 우리의 친애하는 과학 기술이 인간을 도와주는 것만이 아니라, 인간에게 해를 끼칠 수도 있다는 것을 인식하게 되었어요.

『침묵의 봄』은 환경학 최고의 고전이라는 말이 있습니다. 이 책이 나오기 전에는 환경이라는 말 자체가 낯설었죠. 환경 보호라는 말도 거의 쓰지 않았고요. 하지만 이 책 이후로 사람들은 과학 기술에 대한 맹신을 버리고 환경을 생각하게 되었고, '지구의 날'을 제정하기도 하였습니다. 현대의 환경 운동을 만들었다고 평가되는 책입니다.

1962년에 나온 이 책은 시대적 전환에 큰 역할을 했습니다. 하지만 이 책은 출간되기까지 그야말로 갖은 핍박을 다 받았다고 합니다. 정확히 말하면 저자인 카슨이 핍박을 받은 거죠.

더 이상 새들이 지저귀지 않는 봄

이 책은 처음부터 끝까지 비슷한 이야기들로 구성되었습니다. 서양의 많은 명저가 그렇듯 귀납적으로 사례들을 나열하고 있죠. 그 사례들은 살충제나 제초제 같은 유독성 화학물질이 생각지도 않은 피해를 준다는 이야기들입니다. 당연한 상식이지만 당시엔 이 화학약품들이 생물에, 나아가서 인간에 해를 끼친다는 생각을 전혀 하지 못하던 때거든요.

이 책을 쓰게 된 계기도 친구인 조류학자 올가 허킨스가 편지로 모기 박멸을 위해 살포한 DDT 때문에 새들이 죽었다는 사실을 알려주게 되어서인데요, 그 이후 카슨은 4년 동안 자료조사를 하고 이 책을 썼다고 합니다. 더 이상 새들이 지저귀지 않고 적막만이 감도는 봄을 『침묵의 봄』이라는 이름으로 출판한 것이죠.

이 책의 2장부터 17장까지는 모두 구체적인 사례입니다. 살충제, 제초제는 지하수에도 영향을 미치고, 토양에도 쌓입니다. 이 유해 물질들은 자연의 모든 부분에 영향을 주는 데다가, 생물의 체내에 축적되는 특징이 있어 상위 포식자로 갈수록 엄청난 농도가 되어 큰 영향을 받게 된다고 하죠. 게다가 축적이 어느 정도 진행될 때까지는 문제가 발현되지 않아 유해 물질의 공격을 받고 있다는 것 자체를 모르는 것도 문제고요. 그리고 생물의 경우 유해 물질과 직접 접촉하지 않은 그다음 세대까지 영향을 준다고 합니다. 그러니 인간의 몸에도 영향을 주는 것은 당연하죠. 유전자에 문제를 일으키기도 하고 발암물질로 작용하기도 합니다. 더 큰 문제는 이 제초제와 살충제가 제 역할도 못한다는 사실입니다. 해충이나 잡초 중 유독 물질에 내성을 가지는 것들이 살아남아, 그 억센 생명력으로 더 빨리 번식해 나가죠. 그러면 더 강한 유독 물질이 필요하게 되고요. 결국 해충이나 잡초를 없애는 것도 아니고, 이들을 강하게 만들면서 오히려 생물이나 인간들을 공격하고 있는 것이 이 유독 화학물질인 거예요.

카슨은 이에 대한 해답도 어느 정도 제시합니다. 비화학적 방법을 채택해야 하고, 기준을 강화하고 감독을 제대로 하며, 독성 화학물질을 인지하고 그에 대한 교육을 실시하는 방법 등이 있다고 하죠. 이 방안들을 복합적으로 모두 실시한다고 해도 지금까지의 자연의 피해가 엄청나 과연 복구할 수 있을지 의문이 들긴 합니다.

거대 기업의 핍박

이 책은 출간 당시 제초제나 살충제 회사, 화학약품 회사 등 거대 기업에게 엄청난 핍박을 받았습니다. 이들에게 정치 자금을 건네받은 정치인들 역시 핍박의 강도를 높인 부류들이었죠.

최근 영화들을 보면 냉전 시대의 이념 대결이 약해지다 보니 이념이나 체제에 기반한 빌런보다 기업의 이익을 지키려고 진실을 은폐하거나 조작하는 빌런이 더 많이 나오는 것을 알 수 있습니다. 그러다 보니 영화 중에는 살인까지 저질러가며 회사의 이익을 지키려는 집단과 그에 반하여 용감히 맞서는 개인들이 싸우는 스토리들이 흔합니다. 이 경우 회사는 악이고, 개인이 선인 셈인데, 이 『침묵의 봄』을 둘러싼 여러 가지 정황과 이야기들이 그런 한 편의 영화가 아닐까 싶네요.

지금에서야 위험하다는 것을 알지만, 당시에는 살충제인 DDT를 만든 공로를 인정해 살충제를 만든 사람에게 노벨상까지 주는 분위기였습니다. 이런 시대 상황에서 국가적으로 이익을 내는 회사들에 대해 저항하고 진실을 알리려 애쓴 카슨은 외로운 투쟁을 할 수밖에 없었죠. 어쩌면 목숨까지 걸어야 하는 상황이 있었을지도 모르겠네요. 그런 레이철 카슨 덕분에 지금의 우리는 환경이라는 가능성을 선물받았습니다.

예기치 않은 대가를 요구할 수도 있는 과학 기술

과학 기술의 발전은 필연적으로 환경오염을 유발합니다. 이제 인간에게는 두 가지 선택의 길이 있어요. 자연과 동화되어 과학 기술을 버릴 것인가, 그런 오염까지 해결할 과학 기술을 만들 것인가 하는 것이죠.

예를 들어 미세먼지는 인간의 폐에 좋지 않은 작용을 하는데, 이 미세먼지를 발생시키는 요인 중 상당한 비중을 차지하는 것이 자동차입니다. 그래서 환경주의자들은 자동차 운행을 줄이자고 이야기합니다. 그렇다고 우마차를 타고 다닐 수 있는 세상은 아니니, 가능한 대중교통을 이용하자는 것이죠. 반면에 기술 중심주의자들은 자동차에 배기가스 저감 장치를 달거나, 자동차를 모두 전기차로 바꾸면서 미세먼지 문제를 해결하자고 해요.

그러니까 기술 중심주의자들도 환경을 오염시키자는 게 아닙니다. 환경을 보호하고 보존하는 것은 당연한데 그것을 기술 발전으로 이루겠다는 것입니다. 그런데 환경주의자들은 그에 대한 반론으로 어찌 되었든 인간의 기술은 인위적인데, 자연에 반하는 인위적인 것은 반드시 문제를 일으킨다고 주장합니다. 지금은 우리가 그 문제를 인지하지 못할 수 있는데, 그 문제는 언젠가는 반드시 나타난다는 것이죠.

과학 기술이 인간에게 무엇이든 이루어주는 도깨비방망이인 줄만 알았는데, 이 방망이를 쓸 때 사용자의 수명이 깎인다든가 하는 부작용이 있다는 것을 인류는 이제야 배웠습니다. 문제는 앞으로 나올 여러 가지 새로운 과학과 그것을 응용한 기술들이 우리의 미래를 어떻게 바꿀지 모른다는 것입니다. 그렇다고 그것이 무서워 인간이 과학 기술이라는 도깨비방망이를 버릴 것 같지는 않습니다.

인류 최대의 숙원 과제 중 하나인 영생 역시 과학 기술로 이루어질 수 있다고 이야기되는 세상이잖아요. 부자들은 그런 기술을 위해 아낌없이 돈을 내기도 하고요. 그럴수록 과학 기술은 예기치 않은 대가를 내놓으라고 할 수도 있습니다.

과학 기술의 발전 과정에서 끊임없는 부작용과 문제에 대해 조심하고 살펴보는 버릇을 들여야 하겠습니다. 과학 기술은 무조건 선하니까 맹목적으로 속도를 올리겠다는 순진한 생각은 이미 유통기한이 지났습니다. 한 발짝의 진보에도 앞뒤를 살피며 내딛는 주의 깊음이 필요합니다. 이제는 과학 기술의 능력이 크기 때문에 서툴거나 작은 행보 하나에도 인류 멸망이나 인류 말살의 위험에 빠질 수도 있거든요. 이미 우후죽순 개발한 핵폭탄은 지구상에 보유한 것을 다 쓴다면 지구 자체를 파멸시킬 수도 있는 지경에 이르렀잖아요. 처음 핵폭탄이 등장한 지 불과 70여 년 만에 인류는 자기 목에 칼을 겨누고 있는 셈이 된 것이죠.

양자 컴퓨터, DNA 재배열, 생화학 무기 등 어떤 뇌관에서 어떤 문제가 터질지 모르는 만큼, 과학 기술의 개발과 적용에 신중해지는 인류의 사려 깊은 행보가 그 어느 때보다 필요한 시점입니다.

제 6 장

신세계는
오는가

a Man who Wants to be a God

16. 인간의 설계도

제임스 왓슨 『이중나선』

유전자를 설계하다

"물론 기본형만 해도 좋은데, 요즘에는 옵션을 선택하지 않으시면 경쟁에 뒤처집니다."

"어떤 옵션들이 잘 나가나요?"

"일단 스마트 옵션이 인기 있고, 운동 능력 향상 옵션도 잘 나갑니다. 둘을 같이 하시면 20% 할인이 되어서, 이 두 세트 종합 옵션으로 많이 선택하십니다."

"그건 좀 부담되는데…"

"그럼 이렇게 하시죠. 제가 직원 할인으로 30%까지 해드릴게요. 이렇게 해주는 곳 잘 없어요. 저희 센터에서만 가능합니다."

"그래도 좀 부담되긴 하네요…"

"생각해 보세요. 한번 옵션을 설정하면 평생 가는 거잖아요. 재능 부분은 나중에 업그레이드하기가 정말 어렵습니다."

하긴 수정할 때 DNA 조작을 해야지, 나중에 아이가 태어난 다음에는 지능이나 운동 능력을 향상시킬 방법은 많지 않다. 훈련과 연습을 통한 것은 한계가 있고 특히 지능은 더 그렇다. 타고나는 것을 이기기 힘들어서, 현재 부모들은 수정하기 전에 DNA 설계 센터와 상의해 아이의 능력을 어느 정도 디자인한 다음에 임신하고 있다.

그런데 그것도 빈익빈 부익부이다. 아이에게 좋은 능력을 부여할수록 DNA 재배열 시술의 가격은 비싸지기 때문에, 부자들은 점점 더 좋은 능력의 후사를 얻게 되면서 부의 대물림 현상이 더욱 공고해지고 있다. 그렇게 생각하면 조금 무리해서라도 아이를 위해 해줄 수 있을 만큼 옵션을 넣어주는 것이 맞다.

"그래요. 그러면 그렇게 해주세요. 대신 음악 재능 하나만 서비스로 넣어주세요. 이왕이면 노래 잘하는 애가 태어나면 좋으니까요."

"30% 할인에 서비스까지라… 뭐 남는 것은 없지만 후기 좀 잘 남겨주세요. 그럼 그렇게 해드릴게요."

크리스퍼 유전자 가위

이런 가상의 대화가 말도 안 되는 일일까요? 오히려 이젠 그럴듯합니다. 기술이 있다면 태어나는 아이들의 DNA 조작은 예견된 미래입니다. 재능이 없는 아이들에게 그것을 보충할 학력과 훈련을 시키는 데 들어갈 돈보다 차라리 재능 자체를 심어주는 것이 비용이나 효율 면에서 나을 수 있으니까요.

DNA 조작은 처음엔 치료 목적으로 이루어질 것입니다. 난치병이나 유전병을 DNA를 조작하는 것만으로도 치료할 수 있다면 안 할 이유가 없거든요. 지금의 의학 기술로는 치료가 불가능한 치매도, 유전자를 자를 수 있는 가위인 크리스퍼 유전자 가위를 이용해 치료할 수 있는 가능성을 발견했어요. 알츠하이머병을 앓고 있는 쥐의 원인 유전자인 base1을 크리스퍼 유전자 가위로 잘라냈더니 정상 상태인 쥐와 비슷하게 회복이 된 것을 확인하는 실험에 성공했거든요.[*]

그런데 나중에 모든 DNA 구조가 완전히 분석되어서 어떤 DNA가 어떻게 작용하는지 알게 되고, 크리스퍼 유전자 가위 역시 성능이 더욱 향상되어 매우 정교하게 DNA를 잘라 붙일 수

---

[*] '[영화 속 과학 이야기] 유전자 조작된 거미에 물려서 거미 인간이 된다고?', 〈충남일보〉, 2021.1.20.

있다면 과연 인간은 그런 기술을 이용하지 않을 수 있을까요?

이미 그런 기술은 현실과 가까워지고 있습니다. 2020년 노벨 화학상을 받은 사람들의 연구 테마가 바로 DNA 편집 조작 기술입니다. 프랑스의 에마뉘엘 샤르팡티에와 미국의 제니퍼 다우드나는 유전자를 효율적으로 편집할 수 있는 '크리스퍼 카스 나인(CRISPR-cas9)' 기술의 개발 공로를 인정받아 노벨상을 받았거든요.[*]

이 기술을 농산물의 육종 개량이나 암 치료 등에 활용할 수 있을 것이라는 기대도 있지만, 한편으로는 생식 세포에 해당 기술을 적용할 경우 키, 외모, 지능 등을 향상시키는 효과가 나타나 슈퍼 인간이 만들어질지도 모른다는 우려도 있습니다. 실제로 중국의 허젠쿠이는 에이즈 환자 부부의 수정란에 유전자 편집 기술을 적용하여, 에이즈에 면역성이 있는 쌍둥이 출산에 성공했다고 발표했습니다. 중국이니까 가능한 일이라고 보는 사람이 많지만 이 사건은 세계적으로 충격을 주었죠. 생각만 하던 배아 단계의 유전자 조작을 실제로 한 것이니까요. 그러니까 태어나기 전에 생식 세포 DNA를 조작하여 기획된 아이를 만들어내는 것이 기술적으로 가능한 범위까지 도달했다는 얘기입니다.

---

[*] '[2020 노벨화학상] 유전자 편집 조작 기술자가 화학상을 받는 이유는?', 〈이투데이〉, 2020.10.7.

정말로 멋진 신세계인 것은 아닐까?

『지식 편의점: 인문◆생각하는 인간 편』에서 올더스 헉슬리의 『멋진 신세계』라는 소설책을 소개한 적이 있습니다. 제가 tvN의 〈요즘 책방: 책 읽어드립니다〉에 도서 선정 위원으로 참여하게 되면서 이 책을 선정한 적이 있었습니다.

엠바고가 걸려 있어 당시 밝히지 못했던 활동이 있었는데요, 연예기획사인 YG 엔터테인먼트에서 6개월가량 연습생들의 독서 교육을 했다는 사실입니다. 그때 여자 연습생 중 데뷔한 친구들은 없는 것 같은데, 남자 연습생 중에서는 '트레저'라는 아이돌 그룹으로 데뷔해 활동하는 친구들이 있습니다. 당시에도 트레저는 이미 데뷔했는데 여러 가지 이유로 활동이 어려워져 주로 연습만 하던 때였죠.

제가 이 이야기를 하는 이유는, 이 아이들과의 독서 교육 시간에 여러 책을 다뤘지만 대부분 비슷비슷한 대화를 나눴던 데비해 『멋진 신세계』만큼은 열띤 대화를 나누었던 기억이 있어서입니다. '인간의 유전자를 조작해 자신의 직업에 신체적으로 적합한 사람을 만들어내기 때문에, 이 세계에 사는 사람들은 직업 만족도가 아주 높다. 그러니 멋진 세계가 아니겠는가?'라는 화두에 아이들이 크게 공감하더라고요.

특히 이들은 월말 평가라는 이름으로 매월 춤과 노래 실력을 낱낱이 평가받으며 아주 치열한 경쟁 속에서 살고 있었거든요. 그래서인지 직업을 쟁취할 필요가 없고 이미 정해져 있으며 거기에 맞게 태어난다는 사실이 매혹적으로 다가오는 듯했습니다.

수정란을 조작해 공장에서 맞춤형으로 아이들을 양산하는 『멋진 신세계』의 시스템은 비난받아야 마땅한 비인간적인 일로 여겨지죠. 그러나 자유의지라는 이름으로 하기 싫은 일을 해야 하고 치열한 경쟁을 하며 자신의 재능과 전혀 다른 일을 하면서 불행한 것보다는 선택의 자유는 없더라도 모두가 행복한 세상이 더 낫지 않을까 싶은 생각도 드는 겁니다. 유전자가 직업에 맞춰져 있기 때문에 직업에 종사할 때 후회나 갈등, 미련이 없는 것이 『멋진 신세계』의 시스템이거든요.

이 아이들과의 대화를 통해 상대적으로 어린 친구들이 보기에 『멋진 신세계』의 시스템은 상당히 합리적으로 보인다는 것을 알게 되었습니다. 반어적으로 작명한 『멋진 신세계』라는 제목이 시간이 지날수록 정말 문자 그대로의 뜻으로 받아들여질 수 있겠다 싶더라고요.

치사하고 쫀쫀한 과학자들의 이야기

인간이 DNA를 조작해서 인간 자체를 변화시킬 수 있다고 생각한 것은 얼마 되지 않은 사건입니다. 불과 70여 년 전만 해도 DNA가 어떻게 생겼는지조차 파악하지 못하고 있었거든요. 1953년 제임스 왓슨과 프랜시스 크릭이 이중나선 구조를 파악하기 전까지는 말이죠.

그중에서 제임스 왓슨은 『이중나선』을 쓰며 이중나선 구조를 발견하기까지의 과정을 긴장감 있게 그렸습니다. 『이중나선』은 DNA의 구조에 대해서도 전문적으로 이야기하지만 그에 못지않게 이중나선 구조가 발견되기까지 학자들의 경쟁과 견제 상황을 비교적 적나라하게 다루고 있어요. 그래서 재미있습니다. 그 과정을 보면 발견의 위상에 걸맞게 위대하거나 영웅적이지 않고, 때로는 치사하고 엉뚱하기도 하거든요. DNA의 구조가 발견되기까지 그를 둘러싼 과학자들의 경쟁과 협력 등을 현실적으로 드러낸 책입니다.

이 책에 대해서는 한 가지 주의 사항이 있는데요, 저자인 왓슨도 서문에서 말하고 있습니다. 여기에 등장한 다른 과학자들에 대한 견해는 왓슨의 선입견에 따른 묘사라는 거죠. 자신도 주관적일 수밖에 없다고 인정합니다. 예를 들어 로절린드 프랭클린이라는 여성 과학자에 대해서는 처음부터 끝까지 부정적으로 말했는데, 이는 온당하지 못하다는 평이 많죠. 그래서 이 책을 읽을 때는 등장하는 실존 인물들에 대한 인상까지 같이 받아들이지는 말아야 한다는 주의 사항이 붙습니다.

동료의 실패에 축하의 건배를

책의 초반은 왓슨이 자신의 관심사를 연구하기 위해 미국에서 영국 케임브리지대학교로 건너오는 것으로 시작합니다. 왓슨은 이곳에서 같이 연구하는 파트너인 크릭을 만나게 됩니다. 이때가 1950년대인데 당시 DNA 연구는 어느 정도 진행된 상태지만 학계의 핫이슈라고 할 수는 없었고, 구조 자체도 모르던 때였어요.

DNA 결정 구조에 관해 관심을 가진 팀은 총 세 팀이 있었는데, 캘리포니아 공과대학교의 라이너스 폴링, 킹스칼리지의 모리스 윌킨스와 로절린드 프랭클린, 그리고 케임브리지대학교의 왓슨과 크릭 팀이죠. 이때만 해도 폴링이 상당히 앞서 있었는데 결과적으로는 기본 구조를 처음에 잘못 잡아서 실패하게 됩니다. 윌킨스 팀도 꽤 앞서가고 있었으나 파트너인 프랭클린과의 불화 때문에 연구에 진전이 없는 상태였어요. 가장 늦게 뛰어든 왓슨 팀은 자료가 가장 적었지만, 의욕만은 앞섰죠.

재미있는 것은 이 세 팀이 전혀 모르는 사이가 아니라 서로 친분이 있는 사이라는 겁니다. 그러다가도 경쟁에 돌입하면, 대승적 차원의 과학적 발견에 힘을 모으는 것이 아니라 다른 팀에 뒤지지 않으려고 애를 써요. 폴링이 아들 피터에게 DNA 구조를 밝혀냈다는 편지를 쓴 것을 보고 왓슨과 크릭은 분노하고 초조해하죠. 피터는 왓슨과 같은 대학에 있었기 때문에 왓슨은 피터를 통해 폴링의 동향을 자꾸 염탐하게 되고, 피터는 아버지 폴링의 논문을 이들에게 제일 먼저 보여주기도 해요. 하지만 DNA를 세 가닥으로 전제한 그 논문에서 왓슨은 오류를 찾아내고 폴링의 실패에 축배를 듭니다. 은유적으로 그렇다는 것이 아니라 진짜로 술집에 가서 크릭과 함께 축하주를 마셨어요. 동료 과학자의 치명적인 실수를 보고 말이죠.

폴링이 학회지에 연구 결과를 발표해서 자신의 실수를 알아차리기까지 6주가량의 시간이 있다고 판단하고, 그사이 왓슨은 윌킨스를 통해 프랭클린이 가진 자료를 보게 됩니다. 이 자료들을 바탕으로 왓슨은 DNA가 삼중나선 구조가 아니라 이중나선 구조가 아닐까 생각하게 되죠. 거기에 맞춰서 구조를 짜니, 모든 난제가 해결되기 시작합니다. 결국 이중나선 구조가 사람들에게 인정받기 시작했고, 지금까지 경쟁하던 모든 사람이 이 위대한 발견에 진심으로 축하해 줘요. 경쟁보다 아름다운 것이 과학이었던 거죠.

마지막에 이중나선 구조를 생각하고 인정받기까지의 과정은 전문적인 이야기들이 많은데도 박진감 있고, 심지어 손에 땀을 쥐게 해요. 이 발견이 새어 나가면 어떡하지, 혹은 다른 곳에서 먼저 치고 나오면 어떡할지 걱정하며 연구에 매진하는 왓슨의 심정에 이입해서 읽게 됩니다.

이 책을 보면서 위대한 과학자들도 인간적이라는 사실을 절절히 느낍니다. 시기, 질투, 경쟁, 야심… 때로는 이런 것들이 과학을 발전시키더라고요. 우리가 잘나가는 사람을 질투할 때 마음 한구석에는 스스로 한심하다는 생각이나 죄책감이 들잖아요. 하지만 때로는 시기와 질투가 발전의 원동력이 될 수 있을 것 같아요. 그런 마음을 밖으로 드러내서 피해를 주는 것이 아니라면 자신을 발전시킬 수 있는 중요한 연료가 되는 것 같습니다.

어린 날의 성공

이 책에 두 가지 포인트가 있는데 하나는 결말쯤에 모두 화해한다는 거죠. 위대한 과학적 발견 앞에서 모두 축하하고 진심으로 기뻐합니다. 심지어 내내 나쁘게 묘사되었던 프랭클린에 대해서도 왓슨은 자신의 평가가 잘못되었음을 인정하고 먼저 세상을 떠난 그녀에게 경의를 표해요.

두 번째 포인트는 이렇게 어린 시절에 엄청난 발견을 했던 왓슨의 말년은 그렇게 좋지 못했다는 거죠. 인종차별적 발언 때문에 학계에서 쫓겨나고, 나중에는 노벨상을 경매에 내놓기도 합니다. 책의 마지막에 이런 구절이 나옵니다. 엄청난 과정을 통해 과학적 발견을 하고 머리를 식힐 겸 파리에 가는데, 파리의 아가

씨들에게 더 이상 한눈을 팔지 않는다고 이야기하며 덧붙이는 말이 "이제 나도 어엿한 25세로, 그런 일탈 행동을 하기에는 나이가 너무 많았으므로."라고 하면서 책을 마칩니다. 재미있는 말 같지만 매우 어린 시절에 이중나선 구조를 발견했다는 자랑이 느껴지긴 하죠. 어쨌든 충격입니다. 25세라니⋯ 그때 나는 뭘 하고 있었나 하는 생각이 들 수밖에 없어요.

하지만 너무 어린 시절의 성공은 그를 오만이라는 늪으로 유혹했고, 수정할 기회가 있었음에도 철회하지 않던 그의 인종차별적 언행들 때문에 지금은 학계에서도 그 존재가 지워지고 있어요. 어린 시절의 성공을 너무 부러워만 할 것은 아닌 것 같기도 해요.

윤리 때문에 기술의 발전을 포기한 예는 단 한 번도 없었다

왓슨과 크릭 덕분에 DNA 구조를 알게 된 이후 많은 발전이 있었어요. 그중에서도 특히 격변한 것은 인간의 의식이 아닐까 싶어요. 유전자를 컨트롤하고 재배열해서 더 나은 인간이 될 수 있다고 생각하는 사람이 시간이 갈수록 늘어나고 있는 거죠. 유전자 조작을 전혀 생각지도 못했던 1932년에 출간된 『멋진 신세계』의 '반어법 효과'가 점점 사라지고 있습니다.

유명한 세계 경제 포럼인 다보스 포럼의 창시자 클라우스 슈밥은 2015년 기고문에서 4차 산업혁명의 목표는 인간의 생활 패턴을 변화시키는 것이 아니라, 인간 자체를 개조시키는 것이라고 이야기한 바 있습니다.

그리고 마이크로소프트사의 과학자들이 DNA에 프로그램을 입력해서 DNA가 다양한 행동을 하도록 프로그램화하는 연구를 진행한 적이 있습니다. 기업이기 때문에 이익이 없으면 이런 프로젝트는 금방 종료되곤 하는데요, 지금 시점에서 지속 여부는 알 수 없지만 2016년에 이런 주제로 정식 발표를 했었어요. 이미 2016년 발표에 자신들의 소프트웨어를 통해 DNA를 프로그램화할 수 있다고 말한 것이죠. 이 기술로 컴퓨터화된 생명체를 창조하는 것이 궁극적인 목표라는 말도 했습니다.

이런 속도와 연구 방향을 보면 과학이 기술로 변환되어 인간을 인간 이상의 무엇으로 만드는 미래가 아주 멀지 않은 것 같습니다. 하지만 그것을 처음 시행하는 시점은 윤리적인 문제 때문에 상당히 정하기 어려울 것으로 보입니다. 업그레이드할 수 있는 사람만 능력치가 향상될 때 일어나는 불공평함과 차이의 고착화 같은 사회적인 문제도 있지만, 무엇보다 그렇게 인위적으로 만들어진 인간이 '정상적인 인간이 맞을까?' 하는 존재론적 문제가 큽니다. 프로그램화되고, 유전자가 조작되어서 맞춤형 설계로 태어난 인간은 인간이 아닌 걸까요? 그렇다고 로봇은 아닌

데 말이죠.

재미있는 사고 실험이 있는데요, 만약 여러분이 이런 업그레이드 인간이 될 수 있는 기회가 있다면 업그레이드를 하시겠어요? 여기에 대해서는 아마 싫다고 하시는 분들도 많을 겁니다. 그런데 만약 여러분의 자녀 혹은 손자, 손녀가 태어나기 전에 유전자 재배열을 통해 훌륭한 외모와 뛰어난 지능을 가지고 태어날 수 있다면 그것도 싫다고 하실 수 있을까요?

현재의 취향이나 가치관과는 상관없이 기술의 발전은 인간을 그 발전의 거리만큼 끌어당깁니다. 먼저 기술을 발전시키고 인간의 윤리에 맞지 않으면 하지 말자고 생각해서 그렇게 된 사례는 인류 역사가 시작된 이래 단 한 번도 없으니까요.

유전자계의 여성 과학자

제임스 왓슨의 책 『이중나선』은 수많은 사람에게 영향을 줍니다. 그중에서도 생물학자나 DNA를 연구하는 이들 사이에서는 이 책을 보고 감명받아 연구를 시작한 경우가 많아요. 가장 대표적인 인물이 캘리포니아대학교 교수인 제니퍼 다우드나입니다. 다우드나는 유전자 분야의 슈퍼스타입니다. 2020년 동료 과학자인 에마뉘엘 샤르팡티에와 노벨상을 받았는데, 노벨상 수상 이유가 인간의 유전자를 편집할 수 있는 도구인 크리스퍼 유전자 가위를 제일 먼저 개발한 공로거든요.

그런데 2020년 노벨상은 두 가지 면에서 이례적이었어요. 첫 번째는 노벨상 수상이 굉장히 일찍 결정되었다는 것이죠. 다우드나의 논문은 2012년에 나왔는데 2020년에 수상이 결정되었으니 8년 만인 건데요. 사실 노벨상은 오래 걸리면 30~40년가량의 영향력을 보고 수상을 결정하는 경우도 많아요. 2020년에도 노벨 물리학상은 50여 년 전 블랙홀을 발견한 로저 펜로즈가 받았을 정도였거든요. 그래서 노벨상의 또 다른 별명이 장수상이죠. 살아 있는 사람에게만 주기 때문에 엄청난 업적을 쌓고도 수상이 결정될 때 살아 있지 않으면 상을 탈 수 없거든요. 그런데도 8

년 만에 노벨상이 수여되었다는 것은 이 발견에 대한 엄청난 가치를 인정했다는 뜻인 겁니다.

두 번째는 여성 두 명만 상을 탔다는 점이에요. 2019년까지 노벨 화학상을 수상한 과학자는 184명, 이 중에 마리 퀴리를 포함해 여성 과학자는 단 5명이었거든요. 여성 과학자도 많지 않았을 뿐더러 여성들만 공동 수상한 경우는 처음이었죠. 비슷한 무렵 유전자 가위를 발견한 사람들이 더 있었고, 실제로 장 펭이나 조지 처치 같은 사람들은 공동 수상을 해도 그다지 이상하지 않은 업적을 쌓았거든요.

이 상황을 지켜보는 많은 이들이 유전자 분야의 재미있는 역사 하나를 떠올렸어요. DNA 구조를 발견한 제임스 왓슨과 프랜시스 크릭이 노벨상을 탈 때 억울한 여성이 하나 있었거든요. DNA 구조 발견에 로절린드 프랭클린의 연구가 크게 일조했는데, 그 업적에 대해 평가 절하되었던 것이죠. 물론 노벨상도 못 받았고요. (노벨상 수상 당시 프랭클린이 살아 있지 않았지만, 살아 있어도 당시의 분위기로는 못 탔을 것이라고 합니다.) 미국에서 인종차별과 여성 차별로 지탄받고 있는 왓슨이 자신의 저서에서까지 프랭클린을 평가 절하했기 때문인 이유가 크죠.

그런데 유전자 편집 기술의 초창기에 이 사건을 연상시키는 사건이 하나 있었습니다. 에릭 랜더라는 과학자가 과학 저널

〈셀〉에 '크리스퍼의 영웅들'이라는 글을 발표했는데, 유전자 편집 분야의 초창기 연구자들을 소개하면서 다우드나와 샤르팡티에의 업적을 의도적으로 평가 절하해요. 이 둘이 처음 발견한 사람들인데 말입니다. 랜더는 이들이 여성이라서 그랬다기보다 자신이 지지하는 장 평과 노벨상에서 경쟁하는 유력한 후보들이기 때문에 평가 절하했을 가능성이 큽니다. 하지만 그의 의도와 상관없이 이 사건은 유전자 연구 초창기의 프랭클린의 이름을 호출하게 되죠. 과학계의 대표적 여성 차별 사례인 프랭클린 사태가 반복되고 있다고요. 랜더는 학계뿐만 아니라 대중에게도 지탄받고 결국 공식적으로 사과합니다.

이후 노벨상 수상이 결정될 때 장 평은 배제되고 최초 개발자인 다우드나와 샤르팡티에만 상을 받게 됩니다. 비슷한 업적을 쌓으면 세 명까지도 상을 수여하는데 말입니다. 말하자면 장 평이 수상자 명단에 들어가도 공로나 업적으로 보면 수긍할 수 있는데 오히려 배제되었죠. 호사가들은 아마 랜더의 사건이나 더 이전의 프랭클린 사건이 이 결정에 어떤 영향을 끼친 게 아닐까 생각하고 있습니다.

17. 테세우스의 배 딜레마

레이 커즈와일 『특이점이 온다』

테세우스의 배

"아빠, 저게 바로 그 배예요?"

"맞아. 아테네의 청년 14명을 매년 제물로 바치기를 요구했던 미노타우로스를 죽이고 귀환한 영웅 테세우스 님이 타셨던 배지."

모처럼 공휴일이라 아테네의 공무원인 데메트리오스는 아들을 데리고 나들이에 나섰다. 이왕이면 나들이를 하더라도 그저 노는 것이 아니라 의미 있는 일을 하고 싶어서 아들과 국가 기념 박물관을 찾은 것이다.

테세우스가 살던 당시 크레타의 왕 미노스가 조공으로 아테네 청년 중 남성 7명, 여성 7명을 요구했다. 미노스 왕은 이 조공을 몸은 인간, 머리는 황소인 미노타우로스라는 흉포한 괴물에게 먹이로 주었던 것이다. 그런데 테세우스가 미노타우로스가 갇혀 살던 미로에 실타래를 가지고 들어가서, 그 괴물을 죽이고 무사히 귀환했다. 귀환할 때 탄 배가 바로 '테세우스의 배'로 이후 아테네인들은 이 배를 유지, 보수하며 기념물로 간직하고 있었다.

"그런데 오래된 배치고는 그렇게 낡지는 않았네요."

"응. 저 배는 국가 기념물이기 때문에 계속 수리하고 있단다. 판자가 썩으면 그 자리에 새로운 판자를 갈아 끼우면서 지금까지 관리되고 있지."

"그러면 지금까지 남아 있는 판자는 없겠어요."

"아무래도 오랜 세월이 흘렀으니 지금은 판자를 대부분 새로 갈았다고 봐야지."

"그러면 저게 왜 테세우스의 배예요?"

"그거야 테세우스가 타고 귀환한 배니까 그렇지."

"하지만 저 배에는 그때 쓰였던 목재는 하나도 없고, 다 새로 갈아 끼운 판자들이잖아요."

"음… 그러게. 저게 왜 테세우스의 배지?"

현재의 남대문은 과연 남대문인가?

테세우스의 배는 처음에 플루타르크가 쓴 『플루타르크 영웅전』에 소개된 유명한 철학적 논제입니다. 처음에 판자 하나를 갈아 끼웠다 하더라도 그 배가 테세우스의 배임은 틀림없습니다. 큰 배의 판자 한 조각일 뿐이니까요. 두 번째 판자를 갈아 끼워도 마찬가지입니다. 그런데 계속 판자를 갈다 보니 어느 순간 원래 배에 있던 판자는 다 사라지고, 모두 새로운 판자로 교체되는데 '이것이 과연 테세우스의 배가 맞는가?' 하는 것이죠.

여기에는 조금 더 변형된 판도 있습니다. 토머스 홉스가 제시한 논제인데, 테세우스의 배에서 갈아 끼운 낡은 판자들을 버리지 않고 모았습니다. 그렇게 모은 판자를 가지고 다시 새로운 배를 만들었다고 하면 이번에는 어느 것이 테세우스의 배인가 하는 문제예요.

형이상학적이라고 생각할 수 있지만 현실에서 나타나는 실제적 문제이기도 합니다. 예를 들어 문화재를 복원하면 그것을 진짜 옛날의 바로 그 문화재로 인식할 수 있을까 하는 것이죠. 대표적으로 남대문은 불에 탔다가 복원된 문화재인데도 국보 1호잖아요.

우리의 인체도 마찬가지입니다. 끊임없는 세포재생이 일어나기 때문에, 몇 년 전의 나와 지금의 나를 비교하면 세포 동일성

측면에서는 차이가 나요. 몸을 구성하는 구체적인 성분은 과거의 나와 지금의 내가 다른 것입니다. 그런데도 나의 신체를 나로 인식하고 있죠.

그러니까 우리는 '나라는 것은 무엇인가?' 하는 정체성 문제에 닿을 수밖에 없어요. 그런데 문화재도 나도 새롭게 갈렸는데도 문화재로, 그리고 또 나로 인식한다는 것은 결국 존재 자체보다도 인식의 문제가 정체성에서 중요한 것이 아닐까 하는 생각이 듭니다. 실제 물질적인 존재의 의미보다는 그것을 우리가 어떻게 인식하는가, 혹은 스스로가 어떻게 인식하는가 하는 인식의 문제가 되는 거예요.

오즈의 양철 나무꾼

우리의 정체성을 인식의 문제로 놓게 되면 우리는 또 하나의 문제를 만나게 됩니다. 라이먼 프랭크 바움의 『오즈의 마법사』라는 작품이 있죠. 그런데 『오즈의 마법사』로 우리가 알고 있는 이야기는 극히 일부분이고, 사실은 바움이 직접 쓴 시리즈가 14권, 바움이 죽은 후 다른 작가가 오즈의 세계관을 바탕으로 쓴 시리즈가 26권으로 총 40권이나 되는 엄청난 스토리예요.

『오즈의 마법사』에 양철 나무꾼이 등장하잖아요. 12권인 『오즈의 양철 나무꾼』에서 양철 나무꾼의 비하인드 스토리가 등장합니다. 양철 나무꾼의 이름은 원래 니컬러스 초퍼(일명 닉)로 마녀의 저주를 받아 팔다리가 잘려 결국 모두 양철로 교체된 거예요. 양철 나무꾼의 몸은 쿠클립이라는 대장장이가 만들어주었는데요, 양철 나무꾼이 이 쿠클립의 집에 가서 발견한 것이 자신이 사람이었을 때의 머리입니다. 쿠클립이 나무꾼의 머리를 교체할 때 그것을 폐기하지 않고, 그냥 자기 집 찬장에 방치해 놓은 거예요. 그런데 이 머리는 살아서 말도 하고 의식도 있습니다.

하지만 이 머리는 자신이 닉이 아니라고 말해요. 실제로 머리가 양철로 교체된 후 양철 나무꾼이 닉의 기억과 생각으로 살아가니까, 그 순간 이후부터는 자신은 더 이상 닉이 아니라 닉이었던 존재라는 것입니다. 그래서 지금은 생각하는 것도 모두 다 관두고 그저 찬장 속에서 안식을 즐기고 있을 뿐이라고 하죠.

양철 나무꾼의 새로 생긴 양철 머리는 자신을 닉으로 인식하고, 진짜 닉의 머리는 자신을 닉이었던 존재로 인식하고 있기 때문에 큰 문제가 없는 것처럼 보이지만, 이것은 저 닉들의 족보 정리일 뿐, 지켜보는 독자들은 혼란스럽습니다. 어느 날 나의 기억과 뇌의 구조를 그대로 모방한 기계가, 나를 자처하고 등장해서 나의 위치를 차지한다면, 나는 나였던 존재로 물러나고 새로운 나에게 나의 자리를 넘겨줘야 하는 것일까요?

예를 들어 영화 〈트랜센던스〉에서는 죽음 직전의 과학자 윌

캐스터의 뇌를 그의 연인 에블린이 컴퓨터에 업로드합니다. 생물학적인 윌은 죽지만, 윌의 뇌가 업로드된 컴퓨터가 윌을 자처하게 되죠. 슈퍼컴퓨터와 합체된 윌의 의식은 기하급수적으로 지능을 발전시키고, 초인적인 능력을 갖추게 되죠. 그런데 영화의 인물들은 끊임없이 의심합니다. 슈퍼컴퓨터로 구현되고 있는 윌의 의식은 진짜 윌이 맞는지를 말이죠.

생물학적인 윌은 죽었기 때문에 인간인 윌의 의식은 계속 지속될 수 없지만, 윌의 기억과 생각을 이어받은 기계는 계속 새로운 윌로서의 경험을 쌓아가면서 분화된 자아를 형성하게 되겠죠. 하지만 이것은 생물학적인 윌과는 상관없는 일입니다. 닉의 머리가 닉이었던 존재이지, 현재 닉이 아닌 것처럼 말이죠.

특이점이 온다

레이 커즈와일의 『특이점이 온다』는 바로 이런 문제에 대해서 진지하게 고민해 보게 만드는 책입니다. 이 책에서는 기술이 인간을 초월하는 순간에 대한 이야기가 나옵니다. 바로 그 지점을 '특이점(Singularity)'이라고 부릅니다. 이 책 이후로 특이점이라는 말이 대중에게 퍼졌어요. 현재 유행하는 온라인 밈을 보면 '특이점이 온 포켓몬', '특이점이 온 식당'이라는 식으로 명사와 결합하여, 이해할 수 없거나 과한 액션을 보이는 것을 살짝 비꼬는 의미로 쓰입니다.

커즈와일이 특이점이라는 말을 쓴 것은 선형적인 발전의 속도를 넘어서 급격하게 기하급수적으로 발전한다는 의미가 있어서입니다. 또한 커즈와일이 이 용어를 썼던 개념 가운데 중요한 것 하나는 그 속도가 빠르기도 하지만, 인간 생활에 미치는 파급력이 워낙 커서 되돌릴 수 없는 변화가 일어나는 순간이라는 의미도 있어요.

인간의 진화가 선형적으로 일어나다가 어느 순간 특이점을 통과하면서 그야말로 걷잡을 수 없이 빠른 속도로 일어나게 된다는 것입니다. 커즈와일은 진화를 여섯 시기로 구분해요. 초기 3단계까지는 DNA나 뇌 같은 생물학적 진화가 일어나는데, 4단계에서는 기술의 진화가 나오고, 5단계에서는 생물학과 기술이 융합합니다. 그리고 6단계에는 기술과 생명의 융합체가 온 우주에 퍼지게 되는 거죠. 여기서 가장 중요한 개념이자 지금 우리가 당면하고 있는 것이 바로 생물학과 기술의 융합 부분이에요. 5단계에 해당하죠.

생물학적 육체를 초월하는 인간

『특이점이 온다』에서는 2040~2050년쯤을 인공지능이 인간을 능가하게 될 시기로 보고 있어서, 그때를 특이점이 오는 시기라고 말해요. 그래서 흔히들 이 시기가 되면 인공지능과 인간이 대립 관계에 서게 될 것이라고 예측해요.

하지만 커즈와일이 이 책에서 말한 것은 그것과는 조금 달라요. 커즈와일은 인공지능이 인간을 능가하는 것이 아니라, 인간이 인공지능이 될 것이라고 말해요. 그러니까 인간의 진화상태가 비생물적인 형태로 되면서 그 형태가 온 우주에 퍼져나갈 것이라는 말이죠. 사람에 따라서는 비생물적인 형태가 인간의 후예라고 할 수 있는가 물을 수는 있지만, 커즈와일의 말은 그런 형태가 인간의 후예가 될 수 있도록 지금부터 준비하자는 말에 가깝죠.

이 책에서는 GNR 혁명이 특이점으로 가는 과정이라고 보는데요, G는 'Genetics(유전학)', N은 'Nanotechnology(나노 기술)', 그리고 R은 'Robotics(로봇공학)'입니다. 지금 우리는 유전학 혁명의 단계인데요, DNA에 대해 모든 것이 알려지고 세포에 대한 통제력을 인간이 가지게 됩니다. 나노 기술은 물리 세계 전체를 분자 수준으로 재조립하는 도구가 되는데, 이 기술이 인간에게 적용되면 우리의 몸이나 뇌 역시 나노 기술을 통해 생물학이 가진 한계를 극복하게 됩니다.

이 세 가지 혁명 중에 가장 중요한 것이 바로 로봇공학인데, 그중 핵심이 바로 AI(Artificial Intelligence)예요. '인공지능'인데요, 인공지능이 탄생한다면 결국 이것은 인간을 초월할 수밖에 없습니다. 앞의 기술도 마찬가지지만 '수확 가속의 법칙' 때문에 기술이 처음 나오는 게 어렵지 한번 발전하기 시작하면 그 속도는 인간이 생각할 수 있는 범위를 초월하거든요. 그리고 인공지능은 새로 배운 것의 공유가 쉽습니다. 사람의 지능은 자신이 배웠다고 그것을 다른 사람에게 전수하는 것이 쉽지 않은데, 인공지능은 서로 간의 지식과 지혜를 공유할 수 있거든요.

이런 내용 때문에 『특이점이 온다』에 이렇게 인간을 초월한 인공지능이 결국 인간을 지배하게 될 것이라는 논조로 쓰였다고 생각하는 이들이 많은데, 그런 건 아닙니다. AI는 인간의 뇌를 역으로 분석하면서 그 인간의 뇌를 모사하는 방법으로 만들어지거든요. 그렇게 만들어진 소프트웨어가 계속해서 나노봇으로 고쳐지는 생물학적 육체에 머물 수도 있지만, 더 확실한 안전함을 가진 비생물적인 하드웨어에 탑재됩니다. 그러니까 인간의 마인드와 의식을 가진 AI가 지금의 인간 신체의 한계를 극복한 외양을 가지게 되는 것입니다. 마치 영화 〈트랜센던스〉에서 윌의 의식이 슈퍼컴퓨터에 업로드되는 것처럼 말이죠.

사이보그와 인간

바로 여기서 정체성 문제가 등장합니다. 신체가 강화된 인간은 과연 인간일까요? 다시 테세우스의 배가 나오겠죠. 지금도 신체 기관을 기계적 도구로 대체한 사람들이 있습니다. 비물질적인 외양을 가진 인간은 인간이 아니라고 한다면, 도대체 어느 시점부터 인간과 인간이 아님의 기준이 되는 것일까요? 그리고 인간의 몸에 생물적인 구성 요소가 하나도 없게 되면 그것은 인간일까요, 아닐까요?

1995년에 나온 오시이 마모루 감독의 〈공각기동대〉라는 애니메이션은 전 세계 SF뿐 아니라 과학계의 상상력을 자극하는 데 굉장한 영향력을 보여준 작품입니다. 배경은 2029년인데 공각기동대라고 불리는 수상 직속의 특수부대인 공안 9과는 현실과 네트워크상에서 테러 진압이 주 임무입니다. 이 부대의 에이스인 쿠사나기 소령은 뇌의 일부만 인간이고 나머지는 모두 사이보그입니다. 그렇다면 쿠사나기 소령의 정체성은 인간일까요, 로봇일까요? 쿠사나기 소령 자신도 그에 대해서 확신할 수 없어 방황하는 모습이 드러나죠. 특히 애니메이션에서는 네트워크의 프로그램인 프로젝트 2501로 창조되었다가 자신만의 정체성과 생명력을 가지게 된 인공지능 해커 인형사가 쿠사나기와 융합되는 모습이 그려집니다. 쿠사나기는 지금의 정체성 개념으로는 포괄할 수 없는 로봇도, 프로그램도, 사람이라고도 할 수 없는 그야말로 새로운 무엇이 된 셈이죠.

『오즈의 마법사』의 양철 나무꾼은 완전히 인공물로 만들어졌습니다. 하지만 정작 자기 자신을 닉이라고 인식하고 있죠. 그에게 자리를 내준 실제 닉은 자신은 더 이상 닉이 아니라고 말하기도 했었고요. 만약에 인식이 존재의 기준이라고 했을 때 AI가 자신을 인간이라고 인식하게 되면, 그것이 그대로 인간이 되는 것입니다.

포스트휴먼이 아니라 휴먼이다

『특이점이 온다』의 논의도 그렇습니다. 나노봇과 로봇공학으로 비생물적으로 만들어진 인공적인 신체를 가진 사람들을 포스트휴먼이라고 부를 수 있는데, 커즈와일은 오히려 포스트휴먼이라고 따로 분류하는 것에 반대합니다. 이런 사람들 역시 휴먼이라는 것이죠. 오히려 이런 사람들이야말로 휴먼이라는 것이에요. 그것이 바로 우리 인류 진화의 마지막 모습이니까요.

흔히 진화를 두고 생물학적인 연속성만을 생각하는데, 정체성의 연속성을 기준으로 인간이라는 개념과 생각을 그대로 옮겨 만든 인위적인 존재 역시 진화의 연속선상에서 파악해야 한다는 거예요. 그러니까 AI는 대중들이 영화 〈터미네이터〉나 〈매트릭스〉에서 보았듯, 인간과 대립하는 개념이 아니라 인간 스스로가 진화한 형태인 거죠. AI는 인간 진화의 결말인 것입니다.

『특이점이 온다』에서 이어진 이후의 논의는 조금은 이해의 영역 밖에 있는데요, AI의 지능을 가지게 된 인간은 곧 폭발적인 인식 혁명을 이루게 되죠. AI의 지식은 쉽게 공유되니 기하급수적인 속도로 우주의 지식이 밝혀지고 우주의 에너지가 사용됩니다. 결국 우리의 우주는 그 에너지를 다 잃고 종말에 가닿거나 아니면 새로운 우주로 나아가게 된다는 것이 저 뒤편의 우리 인류에게 벌어질 일이라는 것입니다.

특이점은 결국 온다

커즈와일은 지나치게 기술 만능주의자라는 비난을 받지만 그 못지않게 천재라는 평가도 받습니다. 그의 예측이 정확히 맞지는 않아요. 그는 이 책을 2007년에 썼는데, 2020년쯤이면 어떤 현상이 이룩될 것이라고 기술한 게 있습니다. 막상 2020년이 지난 지금, 이 책을 다시 보면 사실과 다른 점이 많다는 걸 알 수 있죠. 하지만 속도는 다를지라도 방향성은 맞습니다. 그가 예측한 특이점이 2040년에서 2050년 사이에 오지 않는다고 할지라도, 특이점 자체는 언제든 올 가능성이 있죠. 그때가 되면 도대체 인간이란 무엇인가에 대해서 지금과는 정의가 조금 다를 것 같긴 하네요.

제 7 장

인간,
신을 꿈꾸다

...a Man who Wants to be a God...

18. 과학이 희생양으로 삼는 것은?

오멜라스를 떠나는 사람들

오멜라스 행복의 조건

세상의 모든 행복과 균형이 구현된 도시 오멜라스가 있다. 유토피아 그 자체라고 할 수 있는 오멜라스는 완벽한 공간이지만 한 가지 비밀을 감추고 있었다. 오멜라스의 행복에는 조건이 하나 있었던 것이다. 오멜라스의 어느 지저분하고 습한 지하실에 소년일 수도 있고 소녀일 수도 있는, 6세로 보이지만 실제로는 10세인 한 아이가 있는데, 이 아이는 완벽히 불행에 방치되어 있었다. 그리고 이 아이가 겪어야 하는 불행과 냉대가 바로 오멜라스 행복의 조건이었다.

이 아이 단 하나만 불행하면 수많은 오멜라스의 사람들은 행복을 누린다. 오멜라스의 사람들은 이 사실을 잘 알고 있다. 오멜라스 사람들이 이 아이의 불행을 알고 있어야 하는 것도 조건에 들어가 있기 때문이다. 오멜라스의 사람들은 8~12세 사이에 이 사실에 대해 듣게 된다. 그리고 아이를 보러 와서 동정하거나 격분하지만 이 아이에게 친절한 말 한마디라도 건네서는 안 된다. 집에 돌아간 뒤에도 이 사실을 몇 년간 기억하는 사람도 있지만, 결국에는 시간이 지나면 이런 상황을 이해하고 받아들이게 된다. 이것이 오멜라스의 행복의 정체다.

개중에는 아주 소수지만 지하실의 이 아이를 보고 집으로 돌아가지 않고, 그길로 오멜라스를 떠나 밖으로 나가 하염없이 어디론가 걸어가는 사람들이 있다. 이들이 가는 곳이 어디인지 짐작조차 할 수 없지만, 오멜라스를 떠나는 사람들은 자신들이 가야 할 길이 어디인지 알고 있는 듯 걸어간다. 오멜라스를 떠나는 사람들은 말이다.

BTS도 알고 있는 오멜라스 이야기

어슐러 르 귄은 세계적 명성을 얻은 판타지 소설 작가입니다. 그녀의 소설 『어스시』 시리즈는 『나니아 연대기』, 『반지의 제왕』

과 더불어 세계 3대 판타지 소설로 꼽히고 있죠. 〈오멜라스를 떠나는 사람들〉은 바로 그 어슐러 르 귄의 단편 소설입니다. 단편집 『바람의 열두 방향』에 실린 작품 중 매우 짧은 단편으로, 페이지 수가 7쪽밖에 되지 않습니다. 하지만 이 짧은 소설이 주는 인상이 매우 강력해서 많은 이들에게 다양한 영감과 인사이트를 주죠.

전 세계에서 약 5억 뷰의 조회 수를 기록한 BTS의 뮤직비디오 〈봄날〉에서도 〈오멜라스를 떠나는 사람들〉이 모티브로 나옵니다. 은유도 아니고 아주 직접적으로 쓰이고 있어요. 뮤직비디오 배경으로 나오는 모텔의 이름이 오멜라스거든요. 하지만 단순히 오멜라스 이름을 썼다고 모티브라고 하지는 않죠. 이 뮤직비디오는 세월호 아이들에게 바치는 노래라고 알려져 있습니다. 과연 세탁실 장면에서 나온 시계가 가리키는 시간이 세월호 침몰 시간인 9시 35분이기도 했고, 배의 밑바닥처럼 묘사된 공간, 배의 창문처럼 보이는 세탁기 등 해석하자면 그야말로 수많은 메타포로 이루어져 있습니다. 하지만 무엇보다 오멜라스라는 말이 결정적입니다. 이 말은 곧 세월호 아이들은 우리 사회의 희생양이라는 말이거든요.

커대한 흐름에는 희생양이 따른다?

〈오멜라스를 떠나는 사람들〉을 관통하는 주제는 희생양입니다. 저는 희생양 신화에 대해서 르네 지라르의 『폭력과 성스러움』이라는 책으로 접한 적이 있었는데, 이 소설에서 희생양의 개념이 더욱 와닿습니다. 이게 바로 소설의 기능이겠죠.

영화나 신화를 보면 신에게 바치는 제물이 있습니다. 결혼하지 않은 젊은이를 용에게 바친다든가 하는 것들이요. 우리나라에서는 풍랑을 잠재우기 위해 공양미 삼백 석에 심청이를 바다에 빠뜨리기도 했죠. 이들이 모두 희생양입니다. 한 사람의 희생으로 수많은 사람이 고통에서 해방됩니다. 이 말은, 한 사람에게 모든 사람이 겪어야 할 고통의 무게가 전가되는 것이죠.

그러면 여기에 문제가 생길 수밖에 없습니다. 한 사람을 희생양으로 삼는 것은 부당하지만, 그렇다고 모든 사람의 행복을 한 사람을 구제하고자 파괴하는 것 역시 쉽지 않은 선택이기 때문입니다. 마치 마이클 샌델이 『정의란 무엇인가』에서 다루었던 '트롤리의 문제' 같습니다. 나의 선로 선택으로 인해 기차에 한 명만 치여 죽을 수도 있고 다섯 명이 치여 죽을 수도 있다면 과연 나는 어떤 선택을 하겠는가 하는 것이죠. 행복의 총량을 중요시하는 공리주의적인 입장에서 이 선택은 고민거리도 아니겠지만, 공리주의가 반드시 올바른 윤리적인 기준이라고 말할 수는 없습니다.

사회적으로 접근해 보면 우리의 안락함을 위해 희생당하는 많은 사람이 있습니다. 정규직에 위험 부담을 주지 않기 위해 쥐꼬리만 한 수당을 받고 험한 일을 떠맡아야 하는 비정규직들이 그렇고, 쾌적한 환경을 제공해 주기 위해 더울 때는 더운 곳에서 추울 때는 추운 곳에서 일해야 하는 노동자들이 있습니다. 이들에 대한 정당한 보상은 이루어지지 않습니다. 이들에 대해 인정하고 정당한 보상을 제공하는 순간 희생양이 아닌 사람들의 행복은 깨지게 되니까요.

결국 희생양은 '다수를 위한 소수의 희생', '대의를 위한 개인의 희생'으로 큰 흐름을 이어가거나 대다수의 이익을 위해 필요한 필수불가결한 요소라고 할 수 있습니다. 모든 사람과 모든 요소를 만족시키는 선택이란 있을 수 없으니, 반드시 희생당하는 것들이 생기는 것이죠.

비생물적인 신체를 향해 가는 인간

갑자기 난데없이 과학의 발전이라는 흐름 속에서 마지막에 이 〈오멜라스를 떠나는 사람들〉을 꺼내 든 이유는 과학의 발전에 희생되는 희생양이 무엇인가 생각해 볼 필요를 느꼈기 때문입니다. 과학과 기술이 신의 자리를 대체하고 신이 해주던 설명이나 당위의 역할을 하기 시작했습니다.

신의 시대에는 억눌렸던 '인간'을 다시 인간의 손에 쥐어준 것이 과학과 기술이었죠. 그런데 그 과학과 기술은 이제 인간에게 인간 이상이 될 것을 권고합니다. 그것이 인간 이상의 그 무엇일지, 그저 인간이 아닌 그 무엇일지는 아직은 정확히 모르지만, 일단 유혹하는 입장에서는 인간을 초월해서 존재하는 아주 매력적인 존재여야 하잖아요.

반드시 기계화가 아니더라도 이미 인간은 반자연적인 발전의 트랙에 올라타 있죠. 과거 20~40세 정도였던 인간의 평균수명은 불과 100년 사이에 두 배가 되었습니다. 공중보건, 위생, 의학의 발달이 인간의 평균수명을 늘린 것인데요, 그래서 과거에는 큰 문제가 안 되었던 알츠하이머 같은 병들이 최근 들어 급격하게 부상하는 것이죠. 예전에는 그렇게까지 오래 사는 일이 드물었거든요. 이렇게 기술적인 요인이 아니더라도 사람들 사이 건강함과 장수의 비결을 나누는 정보의 공유를 통해서도 평균수명은 늘어날 수 있죠. 인류가 지구상의 다른 동식물들과 같이 자연적으로 존재하지 않는 것은 이미 시작된 일입니다.

이런 흐름을 되돌릴 수는 없습니다. 그래서 결국 인간은 생물적인 신체를 극복한 비생물적인 신체를 선택하게 될 가능성이 크죠. 왜냐하면 그게 효율적이니까요. 눈이 나빠지면 쓰는 안경이나, 귀가 잘 안 들릴 때 쓰는 보청기도 인공적으로 장기를 보조하는 역할을 하잖아요. 결국 안전성과 효율성, 경제성 등이 보장된다면 우리는 비생물적인 신체를 택하게 될 것이고, 그 비생물적인 신체는 인류에게 영생과 무병, 초월과 갖가지 능력들을 가져다줄 거예요.

인간성, 영혼의 존재

그런데 인간이 인간의 외피를 벗고, 인간이었다는 정체성만 가진 채 인간이 아닌 신체를 가지게 된다면 그것을 우리는 인간이라고 할 수 있을까요?

과학이 발달한 미래 세계가 불행할 것이라고 전제하고 묘사하는 것을 디스토피아적 세계관이라고 합니다. 많은 사람이 기계와 인간의 전쟁을 디스토피아라고 생각하는 경향이 있죠. 하지만 저는 오히려 〈은하철도 999〉에 나오는 기계 인간과 진짜 인간의 대립이 현실적인 디스토피아가 아닐까 하는 생각이 들어요. 〈은하철도 999〉에서는 기계가 되어서 영생을 얻은 인간들이 심심함을 참지 못하고 진짜 인간들을 사냥하고 괴롭히는 장면들이 나옵니다. 은하철도를 타고 여행하는 주인공 철이는 기계 인간이 되기 위해서 머나먼 은하를 가로지르지만 최후에는 인간으로 남는 선택을 하죠.

철이가 느끼는 기계 인간들은 인간성이 남아 있지 않은 모습이에요. 인간을 인간이라고 정의하게 만드는 휴머니즘이 없고 기계 그 자체가 되어버린 인간은, 스스로 인간이라고 의식할 뿐이지 사실 인간이라고 특정할 부분이 하나도 없습니다. 흔히 말하는 인간성을 상실한, 자신이 인간이라고 믿고 있는 기계들일 뿐인 거죠.

과학 기술은 인간성을 희생양 삼아 인간을 초월적인 존재로 올려놓게 될 가능성이 큽니다. 따지고 보면 과학 기술로 자연을 파괴한 것 역시, 자연의 일원이라는 우리의 정체성을 위배하고 자연계의 빌런이 된 것이거든요. 인간이라는 것을 희생하면 오멜라스가 누리는 번영처럼 과학과 기술은 우리에게 엄청난 번영을 보여줄 수 있을지도 모르겠습니다. 영원한 생명을 준다는데 그까짓 영혼쯤이야 어떻게 되든 상관없지 않겠어요? 그런데 과연 알고리즘 기반으로 생각하고 비생물적인 신체를 가진 인간은 영혼을 가진 존재일까요? 인간의 영혼이라는 것도 시뮬레이션의 결과 발생하는 기계적인 결과물일 뿐이라는 견해도 있지만, 그것은 아직 과학으로 분석할 수 있는 것은 아니니까 영혼의 정체는 아무도 모릅니다.

우리가 믿고 있는 인간성, 휴머니티는 영혼에 기인한 것인지도 알지 못하지만 우리의 존재 조건이 달라진다면 아무래도 지금 우리가 생각하는 인간성이라는 것은 먼지처럼 사라질 수 있죠. 인간이 유한하기 때문에 가지는, 사랑하는 사람들에 대한 애틋함도 굳이 느낄 필요가 없습니다. 자손을 남겨야 한다는 유전자적 본성에서도 벗어날 수 있으니, 부성애나 모성애도 사라질 수 있고요. 사랑, 우정, 보람, 욕심, 슬픔, 기쁨 그런 모든 감정에서 벗어날 수 있어요. 그리고 그런 감정에 휘둘리지 않는 영생을 살아가겠죠. 그런데 그런 영생을 살아가고 싶으신가요?

현생 인류는 계승될 것인가, 멸종될 것인가?

악마 혹은 천사는 우리에게 과학 기술을 주었습니다. 아무래도 인간은 그 대가로 영혼을 약속한 듯합니다. 환경오염, 핵전쟁의 위협, 혐오와 차별, 사이코패스의 등장 등 그런 의심이 드는 일들이 계속 발생하고 있어요.

게다가 이제는 인간의 신체에 일어날 퀀텀 점프가 가시권으로 들어오고 있습니다. 인간성의 근원이 된 인간의 신체를 벗어나면, 그야말로 기하급수적인 속도로 인간은 인간 아닌 존재가 될 수 있습니다. 그 존재가 옳은 방향이 되기 위해서는 파우스트처럼 영혼은 구원받으면서도 악마를 잘 이용해 먹는 것이 필요합니다.

파우스트가 그렇게 할 수 있었던 것은 인류애와 그에 따른 노력이었습니다. 사랑, 우정, 행복, 기쁨, 배려, 협동 이런 가치에서 인간성을 발견하고, 그것들의 본질을 깨우치며, 그리고 느끼고 실천하려고 노력하는 자세라는 것이죠. 주변인들을 소중히 여기고, 그 소중함을 표현하며, 그들과 소중한 감정을 나누는 것이 인간성의 발현이죠. 노력으로 실천하는 모습들이기도 하고요.

우리가 어떤 자세를 가지든지 과학 기술의 흐름은 기세를 꺾거나 방향을 바꾸지 않을 겁니다. 그러니 우리는 그 위에 올라탄 우리의 자세를 생각할 뿐입니다. 과학이 인간성을 희생양으로 삼으려 하기 전에 인간성을 지키려는 노력이 이루어진다면 결국 과학 기술이 가져올 수도 있는 디스토피아를 유토피아로 바꿀 수 있는 열쇠가 될 수 있을 테니까요.

유발 하라리나 레이 커즈와일 같은 사람들은 앞으로의 인류에 대해 이야기했습니다. 하라리는 아예 다른 종족인 듯, 호모 사피엔스를 넘어서는 호모 데우스라고 부르기도 했죠. 이는 인류 절멸의 예언일 수도 있습니다. 네안데르탈인이 호모 사피엔스 출현 무렵에 멸망했던 것처럼 새로운 인류의 시작 무렵에 호모 사피엔스도 똑같이 몰락할 수 있거든요. 반면에 호모 데우스는 호모 사피엔스의 연속선상에 있는 진화의 모습일 수도 있습니다. 그것이 어떤 방향을 띠게 될지 그 기준이 되는 것이 바로 영혼, 인간성의 유지라고 생각합니다.

인류의 정체성이자, 인간이 인간인 이유가 바로 인간성이잖아요. 때로는 영혼이라고도 부르는 것들인데, 그것 없이 신체마다 비생물적으로 바뀐다면 결코 지금 현생 인류의 계승이라고 볼 수 없을 것 같아요. 반면 어떤 모습이든지 인간이 인간으로 자각하고 인간답게 존재한다면 굳이 인간이 아니라고 부정할 이유도 없습니다.

우리 생각보다 우리의 문제인 미래

이런 얘기들은 먼 훗날에 일어날, 지금의 우리와는 전혀 상관없는 것 같은데 꼭 그렇지만도 않습니다. DNA의 구조가 밝혀진 것이 70여 년 전입니다. 그런데 지금은 DNA를 편집할 수 있는 기술이 나왔고, 윤리적인 문제 때문에 조심하는 것뿐이지 DNA가 조작된 아이를 탄생시킬 수 있을 정도로 기술이 발달해 있습니다.

최초의 컴퓨터 애니악이 만들어진 게 약 80년 전인데, 지금은 30억 배는 더 뛰어난 성능을 가진 손 안의 컴퓨터를 전 세계인 대부분이 들고 다니고 있습니다. 애니악의 1초 연산 수행 능력은 초당 5,000회라고 하는데, 애플의 아이폰13은 무려 16조 회라고 합니다.

    과학 기술의 진화와 인간 생활 사이의 적용 속도는 생각보다 더 빠릅니다. 보급 속도 역시 그렇죠. 후세의 고민이라고 미뤘던 문제들이 순식간에 우리 앞에 서 있을 수 있다는 뜻입니다. 이 책이 그러한 문제를 생각해 볼 수 있는 계기가 되었기를 바랍니다. 당장 합의에 이르거나 방향이 나올 문제들은 아니지만, 한 번쯤 고민해 보고 미래를 접하는 것과 전혀 생각하지 않고 접하는 것에는 큰 차이가 있으니까요. 부담을 드리는 것은 아닙니다. 다만 그 조그만 차이가 미래의 우리 후손들과 지구에 미치는 영향이 엄청날 것이라는 점을 잊지 마세요.

- a Man who Wants to be a God -

지적인 현대인을 위한

지식 편의점
과학 ◆ 신을 꿈꾸는 인간 편

초판 1쇄 인쇄 2022년 11월 16일
초판 1쇄 발행 2022년 11월 25일

지은이 이시한
펴낸이 유정연

이사 김귀분
책임편집 이가람 **기획편집** 신성식 조현주 심설아 유리슬아 서옥수 **디자인** 안수진 기경란
마케팅 이승헌 반지영 박중혁 김예은 **제작** 임정호 **경영지원** 박소영

펴낸곳 흐름출판(주) **출판등록** 제313-2003-199호(2003년 5월 28일)
주소 서울시 마포구 월드컵북로5길 48-9(서교동)
전화 (02)325-4944 **팩스** (02)325-4945 **이메일** book@hbooks.co.kr
홈페이지 http://www.hbooks.co.kr **블로그** blog.naver.com/nextwave7
출력·인쇄·제본 (주)상지사 **용지** 월드페이퍼(주) **후가공** (주)이지앤비(특허 제10-1081185호)

ISBN 978-89-6596-544-2 03400